JN218845

note

副業の教科書

安斎響市 著

ぱる出版

あなたは、note（ノート）という IT プラットフォームを知っていますか？

2025年1月に、あの Google 社が出資を決めたことで知られる話題のクリエイター向けウェブサイトです（https://note.com）。

この本で紹介するのは、普通の会社員が今日から始められる、note を活用したインターネットビジネスの方法です。

副業でお金を稼げたらいいのに。

会社員としてもらう給料以外に、収入源を増やしたい。

そんな風に思ったことがある人は、きっと多いでしょう。

私が生まれて初めて会社員の給料以外の収入を得たのは、32歳のときでした。

1万3,178円。

それから翌月も、その次の月も、毎月1万円以上の副業収入が継続的に入るようになりました。

そのお金が5万円くらい貯まったとき、私は妻に言いました。

「なんか副業で稼げちゃったから、何でも好きなもの買っていいよ」

そのお金で、妻は小さなカバンを買いました。

4年以上経った今でも、妻はそのカバンを大事に使っています。

私は、その姿を見るたびに、自分自身を誇らしく思います。

会社員の仕事以外に、収入源を持っている自分を。

本業の仕事以外に、副業で稼ぐ手段を持っている自分を。

決してそんなに何かすごいことを成し遂げたわけではないけれど、私には、会社の同僚は誰も知らない小さな秘密があります。

私の銀行口座には、毎月25日に振り込まれる給料の後、毎月末日にもう一度お金が振り込まれます。

毎月2回、確実に収入があるって、素敵なことだと思いませんか?

今までは躊躇してできなかった、ちょっとした贅沢ができます。

家族みんなで、ちょっと美味しいものを食べに行けます。

もしかしたら、年1回か2回は海外旅行にも行けちゃうかも。

そんな小さな夢を一つずつ叶えるための手段が、note（ノート）です。

　私がどうやって副業収入を得ているのかというと、noteという文章投稿プラットフォームで自分が書いた文章を販売しているのです。

　それは、私が「本を書いている作家だから」できたことではありません。

　noteでお金を稼ぎ始めた頃、私は1冊の本も出版していませんし、SNSのフォロワーも多くありませんでした。言ってしまえば、ただの会社員です。

　普通の一般人が書いた文章が、インターネット上で飛ぶように売れていく。そういう世界が、実際にあります。

　私自身も以前は全然知りませんでしたし、まさか副業でこんなに稼げるようになるとは思っていませんでした。でも、本当にそういう世界があったのです。

　数年前、noteで初めて書いた有料記事。それが、公開初日だけで1万円くらいの売上になりました。そして、その次に出した2つ目の有料記事で、一気に月10万円の売上を突破しました。

あのときは、本当にびっくりしましたね。

　顔も名前も出していない、所属企業の肩書なども一切公開していない、まったくの無名の素人が書いた文章が、あっという間に100回以上購入され、数ヵ月後には500回以上購入されたのです。
　そして、その文章は1年後も、2年後も、3年後も売れ続け、もはや不労所得のような形で私に毎月副業収入を運んできてくれるようになりました。

　決して、特別なことはしていません。
　noteで文章を書いただけです。

　あなたにもできます。

　きっと、できます。その方法を、この本の中で明らかにしていきます。

第2章
なぜ、いま、
noteなのか？

第3章
普通の会社員が、noteで副業を始める方法

第4章

note記事を売るための3つのステップ

第5章

noteで読まれる
文章の書き方

第6章

note副業が、あなたの未来を切り拓く

はじめに

　はじめまして、安斎響市と申します。もともとは製造業やIT企業などで働く会社員でしたが、昨年独立を果たし、現在はマーケティング関連の会社を経営しています。

　その他、文章を書くのが個人的に好きなので、定期的にnoteに投稿をしたり、こうして書籍を出版したりしています。

　この本は、**noteで文章を書いてお金を稼ぐ方法についてまとめた、会社員の副業指南書**です。

　と言っても、特に小難しい内容や専門的な話はまったく書いていません。誰でもスマホ一つで、自宅で気軽に始められる副業の方法を、できるだけ分かりやすく解説しています。

　note（ノート）とは、**自分が書いた文章をインターネット上に掲載して多くの人に読んでもらうことができる、文章投稿プラットフォーム**です。2024年にサービス10周年を迎え、会員数は816万人を超えています（2024年5月時点）。

　誰でも自由に文章を投稿できるだけでなく、その文章に「**値段を付けて売ることができる**」というのが最大のポイントです。

　私は数年前から、本業の仕事の他にnoteで毎月収入を得ています。

　最初は月1万円程度の金額でしたが、今では、もう本業の

仕事を辞めても note だけで食べていけるくらいの収入を安定的に得られるようになりました。

　本当かな？？
　文章を書いて売ると言っても、そんなに上手くはいかないんじゃないか？

　そう思ってしまう気持ちも分かります。

　しかし、「note には、会社員の給料以上の金額を個人で稼げるポテンシャルがある」というのは、紛れもない事実です。
　note 公式が 2024 年 4 月に発表した情報によれば、note プラットフォームに文章などを投稿しているクリエイターのうち、売上トップ 1,000 人の年間平均売上は 1,100 万円を超えています。私自身も、その一人です。

　具体的な金額は公表しませんが、年間売上 1,100 万円はとっくに超えています。
　2023 年末に note 公式が発表した、「過去 3,740 万本以上の中で特に読者人気の高かった有料記事 50 選」にもノミネートされています。

　会社員の給料とは別に、年間 1,000 万円以上を個人で稼げると考えると、夢のある話だと思いませんか？　中には、note だけで年間 1 億円以上の売上を稼ぐ人も実際にいます。

短期的にそこまでトントン拍子には行かなくても、**月に5万円、10万円単位のお金を note で稼ぐ**のは、実はそんなに難しいことではありません。

　もしかしたら、あなたの会社の同僚にも、こっそり note で稼いでいる人がいるかもしれませんよ。冗談ではなく、本当に。

　会社員として上司の指示に従って日々働き、毎月決まった給料をもらう以外にも、お金を稼ぐ手段は確かにあります。

　誰にも媚びずに、好きでもない相手にお世辞を言ったり頭を下げたりしなくても、完全に個人としてお金を稼ぐことは可能です。

　日本の労働社会において、大手企業を中心に「副業解禁」の流れが加速していく中で、**いわゆる普通の会社員でも短期的に手を出せる、最も簡単な副業手段**が note です。

　副業の代表格としてよく挙げられる「ブログ」や「物販」よりも、はるかに簡単です。

　この本で皆さんにお伝えするのは、**誰にも媚びなくていい、ゴマスリも忖度も営業もしなくていい、完全ストレスフリーな note 副業の方法**です。

　実際、私は現在、誰のご機嫌取りもすることなく、誰の指示に従うこともなく先ほど述べた金額を稼いでいます。note 運営にさえ、一切媚びていません。

世の中に、副業の方法は色々あります。しかし、その大半は実際やってみるとかなり面倒くさいし、ストレスが溜まるばかりでなかなか継続できません。

　いくら「副業でお金を稼ぎたい」といっても、そのために誰かに媚びたり、自分の気持ちを犠牲にしたりしないといけないなら、会社員の仕事の延長線上に過ぎないですよね。それだったら、本業の仕事を頑張って残業代を稼いだ方がいくらかマシです。
　そうではなく、ストレスゼロで自由に稼げるからこそ、note は魅力的なんです。

　一体、どうやって？
　それって私にもできるのかな？

　少しでも気になった方は、この先のページを読み進めてください。

　この本を最後まで読めば、きっと分かるはずです。
　どこにでもいる普通の会社員が note を使って、初期投資ゼロ・在宅マイペースで毎月 5 万円以上の副業収入を得るための、具体的な方法が。

第1章

今日から、
noteを始めよう

1-1. note は、「未来の出版」の形

note って何？

note は、誰もが自由に文章を投稿できるインターネット上のプラットフォームです。運営主体である note 株式会社は、もともとアスキー、ダイヤモンド社などの大手出版社でベストセラー書籍を数多く手がけた書籍編集者・加藤貞顕さんが 2011 年に独立して創業した会社です（創業時の社名は株式会社ピースオブケイク）。

東証グロース市場の上場企業であり、主要株主には日本経済新聞社やテレビ東京、文藝春秋、UUUM などが名を連ねる、極めて信頼性の高い運営会社と言えます。

「一般人が個人的に書いた文章に値段を付けて売る」というだけだと、なんだか怪しいな……と思う人もいるかもしれませんが、日経新聞社や文藝春秋が出資する会社と聞けば、話は別でしょう。

実際、note は非常にクリーンな場所です。怪しい詐欺まがいの情報商材などは運営側が厳しく取り締まっていますし、他の文章プラットフォームとは明らかに格がちがいます。

note は、「出版のプロ」が作り上げた文章投稿サイト

note 創業者であり、現在も同社 CEO を務める加藤さんは、

名著『もし高校野球の女子マネージャーがドラッカーの「マネジメント」を読んだら』（岩崎夏海・2009 年）、通称『もしドラ』の担当編集者です。テレビアニメ化・映画化もされた、誰もが知る超有名作品なので、きっと、30 代以上の人の記憶には強く残っているはずです。

　元大手出版社のベストセラー編集者が立ち上げた会社というだけあって、**note はとにかく文章が書きやすい**です。
　詳しくは後述しますが、「質の良い文章を書く」以外の余計な要素はすべて排除されていて、非常に洗練されたプラットフォームになっています。

　ここまで聞いてもまだ、「**大学の先生でも、プロの作家でもない普通の一般人が書いた文章を、わざわざお金を出して買うの？　そんなのおかしくない？**」と疑問に思う人もいるかもしれません。
　しかし、note 公式の情報によれば、note でコンテンツを購入した経験がある人は過去 10 年間で累計 350 万人（2024年 3 月末時点）にも上っています。note 全体の年間流通総額は 137 億円を超え（2023 年 11 月期通期 GMV）、すでに一つの大きな経済圏になっているのです。

　今や、Apple は甘酸っぱい赤い果物ではなく「iPhone を作った会社」だと誰もが認識していて、Amazon が南米の熱帯雨林ではなく「通販ショッピングサイト」を指すのが当たり前になっているように、note と言えば多くの人が A4 サイズの

罫線ノートではなく「ああ、あの文章投稿サイトね」とピンと来るほど、大きな影響力のある存在となっています。

note で、できること

書く

- 体験談や日記
- 小説、漫画、イラスト
- ファイル添付も可能

読む

- 好きなクリエイターをフォロー
- 面白かった記事に「スキ」

売る／買う

- 記事を100円〜で販売
- 月額サブスクで定期連載などの仕組みもあり

note は、「個人の文章メディア」

note でコンテンツを販売しているクリエイターの中には、有名人・芸能人やプロの小説家・漫画家の方々も大勢いますが、全体で見ると、普通の会社員や主婦の方などが大多数です。高校生や大学生もきっと多くいるでしょう。

例えるなら、動画で言えば YouTube が「個人のメディア」として今や地上波テレビ放送に匹敵する影響力を持っているのと同じように、**文章の世界で「個人のメディア」に値するのが note** です。
現代では有名 YouTuber がほとんど芸能人・タレントと同等の扱いをされているのと同じように、note で文章を投稿するクリエイターとプロ作家の境界線は、もはやかなり曖昧になってきています。

私自身も、**もともとは個人で note に文章を投稿しているだけの普通の会社員**でしたが、note を見てくれた出版社の方から声を掛けられて 2022 年に作家デビュー、この本が通算 5 冊目の出版作になります。
同じように note から商業出版につながった書籍は、今までに 284 作もあるそうです（2024 年 3 月末時点）。

誰でも簡単に、文章でお金を稼げる時代が来た

YouTube が「テレビ番組で活躍する芸能人やアイドル」と「一般人」との間の垣根をなくしたように、note は「文章でお金を稼ぐプロの作家やライター」と「一般人」の境目を限りなくゼロにしています。

自分が書いた文章を介してお金を稼ぐのは、もう作家や出版社、メディアだけの特権ではありません。誰でも簡単に、note を利用して自分自身のメディアを持つことができます。そして、その中から次のベストセラー作家が生まれるのです。

数々の大手出版社は note に必死に目を凝らして「次世代の作家の卵」を探していますし、すでに実績のある有名作家・漫画家が、次の本を出版する代わりに note で個人的に文章を書くという事例も多く出てきています。

もちろん、誰でも自由に書ける日記のような note と、出版社が間に入って一定の品質を担保している書籍はほとんど別物だと言っていいのですが、「**収益性**」という観点だと、**実は、note は書籍（商業出版）を遥かに上回ります。**

プロの作家でなくても、天才小説家でなくても、今では誰でも自由に文章を note に投稿して、お金を稼げるようになりました。

note とは、ある意味で「**未来の出版**」の形です。
もうとっくに、そういう時代が来ているのです。

note は「未来の出版」の形

動画 → YouTuber

- ほぼ「タレント」化
- テレビの人気者より稼いでいるYouTuberが増加
- YouTubeからメジャーデビューする歌手も

写真 → インスタグラマー

- 今や、グラビアアイドル／モデルなどと遜色ない一般人が多く活躍
- 料理レシピ、風景写真等でバズるインフルエンサーも

文章 → noteクリエイター

- note記事の販売は、実質プロの作家より稼げる
- noteをきっかけに書籍を出版する人が急増

1-2. note で稼ぐための、具体的な方法

note 収益化の 4 つの手段

　夢ばかり語っていても仕方がないので、もう少し具体的な話をしましょう。

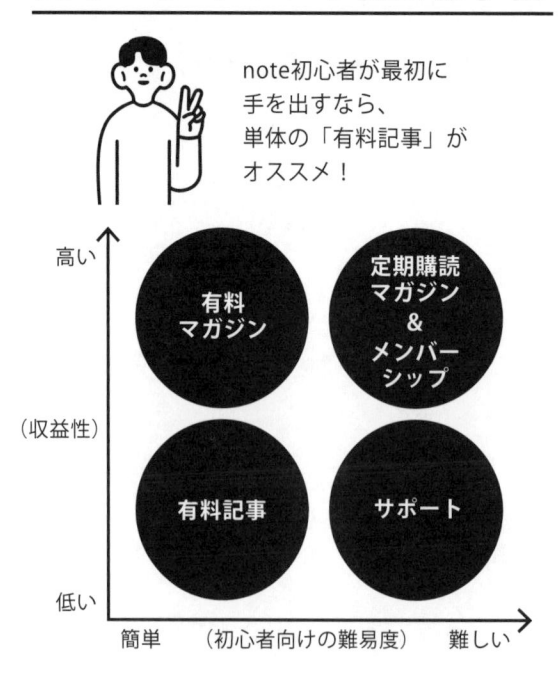

note の 4 つの収益化手段

note初心者が最初に手を出すなら、単体の「有料記事」がオススメ！

note でお金を稼ぐ手段は、大きく分けて以下の4つです。

1. 有料記事
   個別の記事に、「最後まで読みたければ 300 円」など
   値段を付けて、有料で売る
2. 有料マガジン
   マガジンを作って、複数の記事をセットにして「5 本
   セットで 2,000 円」などで売る
3. 定期購読マガジン / メンバーシップ
   定期的に記事を書き続けて、「月 500 円で読み放題」
   など、読者に定額サブスクで読んでもらう
4. サポート
   読者やファンからのサポート（いわゆる投げ銭、
   YouTube で言うスパチャ）で課金してもらう

すべての基本は「有料記事」の単体販売

本書で主に説明していくのは、1つ目の「有料記事」の作
り方と売り方についてです。

4つの収益化手段のうち「1. 有料記事」がすべての基本で、
まずは1を上手くやれなければ、2〜4についても結局は不
可能だからです。

note は非常に奥が深いです。流石にこの本だけでは、
note のすべてを説明することはできません。それをやろう

とすると、この本が 800 ページの超大作になり、鈍器のような分厚さになってしまいます。

　本書では、note 初心者が「有料記事」の単体販売によって月 5 万円以上の収益を得る方法に内容を絞って、徹底的に解説していきます。

　もちろん、最終的なゴールは月 5 万円、10 万円程度ではない、もっと稼げるようになりたい、と考える人が恐らく多いことは承知しています。野心はできるだけ大きく持つべきだと私も思います。

　ただ、とりあえず最初の「月 5 万円」を達成できなければ、その先はありません。

　生活費を稼ぐための本業ではなく、副収入を得るための副業だからこそ、まずは無理のない範囲で小さく始めることが大事です。

note 収益化の概要については、公式情報が一番分かりやすい

　先ほど挙げた 4 つの収益化プロセスについて、詳細な運用ルールや設定方法などは、note 公式が「note 収益化のメニュー」という分かりやすい説明サイトを作ってくれているので、是非そちらを一読してみてください。

　運営会社が無料公開している情報と同じ内容をあらためて

書籍に書いても意味がないので、この本の中では、あえて細かい枝葉の部分までは説明しません。

noteで少しでもお金を稼ぎたいと考えている人は、まずはnote公式アカウントが発信している情報に一通り目を通してください。基本を学ぶには、それが一番確実です。

note社は、企業理念として**「だれもが創作をはじめて、続けられるようにする」**と掲げています。この「続ける」の中には、ニュアンスとして「収益化すること」が含まれています。結局は、ビジネスとしてお金を稼げるようにならない限り、長期的には活動を維持することができないからです。

それだけに、「どうすれば収益化できるのか」という情報提供にはnote社も非常に熱心で、ちょっと調べれば**豊富な解説記事**が出てきますし、**収益化のための無料セミナー**なども度々開催されています。私も何度か参加したことがありますが、とてもためになる内容でした。

ちなみに、note公式アカウントの「ビジネスパーソンの活動と収益化にnoteが役立つ理由と、おすすめ活用法」という記事では、代表的な成功事例の一つとして私のことも紹介していただいています。会社員の方は、こちらも一読しておくと勉強になると思います。

ｎｏ十ｅ公式による収益化ガイド

noteの収益化ガイド　　　　　　　　　　　　　　　　　フォロー

● 公開中　📖 41本

noteでの収益化に役立つ事例やアイディア、イベント告知をまとめています

記事　　　　月別　　　ハッシュタグ

秋に注目度が高まる「キャリア・受験」。10月に有料記事を投稿すると読まれやすくなるチャンス！

♡ 96　📖　•••　note編集部　2日前

はじめてでも簡単！有料記事のテーマ5選と書き方のコツ

♡ 699　📖　•••　note編集部　2ヶ月前

文学フリマやコミティアで頒布する作品を、オンラインで販売してみませんか？

♡ 82　📖　•••　note編集部　4ヶ月前

同業者へノウハウを販売。元教員の経験を活かしたnote活用方法とは

♡ 137　📖　•••　note編集部　7ヶ月前

有料note「ハウスDJの選曲術」が話題に！coolsurfさんに記事執筆の裏側をお聞きしました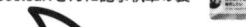

♡ 98　📖　•••　note編集部　7ヶ月前

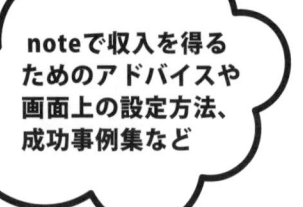

noteで収入を得るためのアドバイスや画面上の設定方法、成功事例集など

1-3. note 有料記事で、最短で稼ぐ方法

note 副業で、最短で成果を出す手順

　冒頭でも軽く紹介しましたが、私が初めて書いた有料記事は、note での公開初日にあっという間に売上 1 万円を超えました。

　そして、その数ヵ月後に書いた 2 つ目の有料記事で、月 10 万円の売上を軽く突破しました。

　有名人でも、インフルエンサーでもないのに？
　記事が SNS でバズッたわけでもないのに？

　なぜ、そんなことが可能だと思いますか？
　一言で言えば、「最短の手順」でやったからです。

　この方法を真似すれば、恐らく読者の皆様の中にも、「最初の記事で 1 万円稼げた！」「あっという間に 5 万円以上の売上になった！」という人がポンポン出てくるでしょう。

　そのくらい、note 攻略の必勝法とも言える強力なプロセスだからです。

　と言っても、別に秘密の裏ワザでも、奇跡を起こす魔法でもありません。**至極真っ当なマーケティングの基本に則った行動プロセス**です。難しくもなんともありません。

私は本業がマーケティングで、20代の頃から過去の色々なビジネスで培った知識を note に応用しているだけです。それをただ忠実にやれば、かなり高い確率で、いずれは成果につながります。

　あまりもったいぶっても仕方がないので、先に「答え」を書きましょう。

note には、「何を」「どう書く」べきなのか？

　note でお金を稼ぐための**「最短の手順」**とは、このようなプロセスです。

1. 自分の過去の「実体験」をコンテンツにまとめる
2. 試験的に「無料記事」を書いて、需要の有無を見極める
3. 「9割無料」の記事を書いて、最後の1割のオマケ部分だけを低単価で売る
4. 「1割だけ無料」の有料記事を書いて、単価を上げて売る
5. いくつかのトピックで、4の記事販売を繰り返す

　このうち、1が「何を書くべきか」という大前提、いわば WHAT の部分で、その後の 2~5 が、よりテクニカルな「どう書くべきか」という HOW の部分です。

このプロセスを忠実に実行すれば、かなりの高確率で、月収5万円〜10万円くらいの収益は再現できるものと私は信じています。

　上記手順の1については本書の第3章、2〜5の流れについては第4章で詳しく解説しますが、先に簡単に、概要だけお伝えしておきましょう。

WHAT：実体験を、「売れるコンテンツ」に変える

　まず、1のWHATの部分について。「noteで記事を書いて有料で売ればいい」と言っても、ほとんどの人は、**「私はそんな、お金になるようなネタは持っていないよ」「僕みたいな素人が書いた文章なんて、一体誰が買うの？」**と思ってしまうのではないでしょうか。

　確かに、その思考は理解できます。出発点としては非常に正しいです。

　例えば、「私の野望〜15年後の自分への手紙〜」というポエムを500円で売っても、恐らく買う人はほとんどいません。せいぜい、あなたの母親だけでしょう。

　「僕が大好きなお寿司のネタ、第1位〜第3位を発表します」という記事を3,000円で売ったところで、「おいおい、正気か？」と思われるだけです。

　では、何を書くべきなのか？

何を書くべきか？

 **日記・映画の感想など**

 誰がわざわざお金を出して読むの？

 **小説・イラスト**

 ハイレベルじゃないと難しい！

実体験エピソード

  他人の役に立つ内容なら、お金になる可能性が高い!!

その答えは、一言でいえば「他人の役に立つ実体験エピソード」です。

　例えば、先ほど紹介した、公開初月に月収 10 万円を超えた私の note 記事は「**過去 4 回の転職活動で学んだこと**」という**実体験**を語ったものでした。

　詳細な作り方は、第 3 章で丁寧に説明します。

HOW：フリーミアムの仕組みを note 上で再現する

　続いて、2~5 の HOW の部分についてです。

　基本となるのは、いわゆる「フリーミアム」の考え方です。ソフトウェアからエンタメに至るまで、最近多いですよね。誰でも無料で使える基本バージョンが公開されているけれど、それはあくまで「お試し」で、本格的に使い倒したければ課金が必要、というビジネスの仕組みです。

　新聞社や Web メディアの記事などでも、たまに見かけませんか？ 冒頭部分は無料で読めるけれど、途中で途切れていて「**最後まで読みたければ課金してね**」という見せ方。あれと同じことを個人で、note プラットフォーム上で再現するだけです。

どう書くべきか？

(例)

こっちの方が、「転職のタイミングを逃す」よりずっと本質的で恐ろしい話です。

具体的に、一体「何を」やってしまったらキャリアが終わり、手遅れになるのか？

その本当の答えは、

ここから先は

4,023字

この記事のみ	¥300
購入手続きへ	

メンバーシップ	

> この記事の後半を
> 読むためには
> 300円の課金が
> 必要！

筆者のnote記事「No.69 - 20代でキャリアを終わらせる方法」より

そして、その前提となるのが**下記の4つの要素**です。

- 「無料部分」だけでも十分な価値と説得力があること
- 「有料部分を読みたい」という期待が伝わること
- 「無料」⇒「有料」への導線がスムーズであること
- 「有料でも読む価値のある記事だった」という満足感が あること

詳しくは、第4章で解説します。

必勝法は、いつだってシンプルなもの

なんだか難しそうに思えてきましたか？

大丈夫です。この先のページで、一つずつ丁寧に説明していきます。

基本的なコツさえ掴むことができれば、誰にでも実践できる方法なので、そんなに心配することはありません。

むしろ、「なあんだ、そんな**単純なこと**でいいのか」と拍子抜けするくらいシンプルな内容に感じる人もいるかもしれません。

あらゆる必勝法は、常にシンプルです。シンプルだからこそ強力で、かつ、人を選ばず再現性があるのです。ただ、「誰でも何の努力もしなくても一瞬でできる」という意味ではな

いので、そこは勘違いしないでくださいね。

　さあ、次の章に行きましょう。

この章のまとめ

note の概要
　note は、note 株式会社が運営する文章投稿プラットフォームで、2024 年にサービス 10 周年を迎えた。誰でも自分の書いた文章を投稿し、値段を付けて売ることができる。
　note は「個人の文章メディア」として機能しており、一般の人々が書いた文章も数多く販売されている。

note 収益化の手段
　note での収益化手段は以下の 4 つ：
1.　有料記事
2.　有料マガジン
3.　定期購読マガジン / メンバーシップ
4.　サポート（投げ銭）

　基本となるのは「有料記事」の単体販売であり、これが上

手くできなければ他の手段も難しい。

公式情報の活用

note 社の公式情報やセミナーが収益化に役立つため、これらのリソースを活用することが推奨される。

収益化の具体的な方法

note での収益化は「フリーミアム」の考え方に基づく。

具体的な手順は以下の通り：

1. 自分の過去の「実体験」をコンテンツにまとめる
2. 試験的に「無料記事」を書いて、需要の有無を見極める
3. 「9 割無料」の記事を書いて、最後の 1 割のオマケ部分だけを低単価で売る
4. 「1 割だけ無料」の有料記事を書いて、単価を上げて売る
5. いくつかのトピックで、4 の記事販売を繰り返す

重要なのは「無料部分」が説得力を持ち、「有料部分を読みたい」という価値を伝えること。

基本的なマーケティング手法に基づく行動プロセスを忠実に実行することが大切。

第 2 章

なぜ、いま、
noteなのか？

2-1. note 副業は、他の副業よりハードルが低い

副業手段としては、note が圧倒的にオススメ

さて、本題に入る前に、「なぜ、いま、note なのか？」という話を少しだけしておきましょう。

当然、note 以外にも副業の手段はたくさんあります。その中で、**一体なぜ note 副業を特にオススメしているのかという背景**を、読者の皆様にも知ってほしいからです。

この情報を事前に頭に入れておくことで、「確かに、note なら無理なく自由に稼げるかも」という自信を手に入れて、副業に取り組むモチベーションを維持できるはずです。

note 副業が最強である、2 つの理由

副業というと、スキルシェア、クライアントワーク、物販など方法は色々ありますが、一番強くオススメできるのは、note です。

その主な理由は、2 つあります。
- 初期投資がゼロ、かつ、ランニングコストがゼロ
- プレッシャーやストレスがほとんどない

note 副業のメリット① 初期投資がゼロ、かつ、ランニングコストがゼロ

　まず、初期投資やランニングコストがないこと。「少ない」ではなく、完全に「ゼロ」です。

　note は、インターネット接続さえあれば誰でも自由に無料で使えます。今どき、インターネット回線くらいは誰でも契約しているでしょう。Web ブラウザで note 画面を開いて文章を書くだけなので、スマホだけでも十分に完結します。PC さえも必須ではありません。

　一部の例外として、定期購読マガジンを使ってサブスク収益を得たいなどの場合は、note の有料プランである note プレミアム（月額 500 円）への入会が必要になります。ただ、副業開始の段階で、シンプルに有料記事を書いて収益を得たいだけなら課金は必要ありません。
　note で得た売上の中から 15% 〜 20% 程度のプラットフォーム手数料は引かれますが、固定費としての初期費用やランニングコストはゼロです。

　つまり、note 副業は、赤字になる心配がありません。note を使って副業をする限り、どんなに失敗したとしてもお金を失うことはないのです。
　最悪のケースでも、プラスマイナスゼロです。無駄になるのは、せいぜい自分自身の人件費だけです。これは他の副業

にはない素晴らしいメリットです。

　初期投資ゼロ、維持費用ゼロ、借金を抱えるリスクゼロで、それでいて売上／利益は青天井に見込めるビジネスというのは、世の中にほとんど存在しないのではないでしょうか。
　その数少ない実例が、note です。

note 副業のメリット

① 初期投資ゼロ、 ランニングコストもゼロ

- 必要なのは自分の 人件費のみ
- 赤字を出してお金を 失う心配がない

② プレッシャーや ストレスがほとんどない

- 自分のペースで文章を 書いて公開するだけ
- 在庫管理や営業などを しなくていい

自分自身がスマホもしくは PC を使って「文章を書く」以外には、一切のコストや投資を必要としません。完全に 0 円で始めることができます。

　この点は、他の副業手段とは決定的に異なります。

note 副業のメリット② プレッシャーやストレスがほとんどない

　2つ目。プレッシャーやストレスがほとんどないことです。

　先ほどの話ともつながりますが、「赤字になる心配がない」「ランニングコストがゼロ」ということは、つまり、精神的・身体的に無理をしてまでお金を稼ぐ必要がありません。もともと、損をする心配がないので、焦って短期的な利益を追求する必要性が薄いのです。

　日々お金に追われていない、と言い換えてもいいです。完全にマイペースで、自分の時間的余裕・体力的余裕に応じて自由に働くことができます。

　例えば、これがもし「物販」だったら、仕入れた在庫が売れ残った場合、不動在庫として損失を出してしまいます。在庫管理の維持コストや、長期保存による製品品質劣化など、多くの不安要素もあります。**この在庫を何とかして売り切らなければ……**というプレッシャーが常に掛かります。

これは、実際にやってみると非常に大変な苦労です。

　例えば、せどりや転売の場合、ビジネスを開始する最初の段階でいきなり「何をどの程度の数量仕入れるべきか」という超難問に出くわします。

　きちんと需要があって売れるものを見極めなければ、「2,000 個仕入れたのに 400 個しか売れず、残りの 1,600 個の在庫が無駄になってしまい大損をする」などの事態になってしまいます。かといって、「売れ残ったら嫌だから」と在庫を持たないで販売をしようとすると、せっかく需要があるのに在庫が足りなくて売り逃しが発生したり、少数単位のために仕入れ単価が上がって利益が少なくなったりと、それはそれで問題が起きます。

　自主制作した商品を販売する場合も、構造はほとんど同じです。例えば、自作のアクセサリーを販売したいというときには、材料となる素材や部品の購入費用、刺繡や飾りつけ作業に掛かる費用、説明書きの紙や梱包材の費用など、物理的なコストが 1 個あたり何円という形で掛かってきます。

　ある程度の数を作っておいて在庫を持たなければ販売は成り立ちませんが、そのためには材料確保などの先行投資が必須になります。在庫リスクを嫌って「受注生産」などにする方法もなくはないのですが、受注後の発送までの納期が長くなったり、サンプルを見ないで注文してもらったりしないといけなくなるので、これはビジネスの失敗に直結しかねません。例えば、Instagram で見かけた手作りアクセサリーを「可

愛い！ 欲しい！」と思ったとしても、そこに「注文後２ヵ月以内を目途に発送予定」などと書かれていたら、ちょっと買う気が失せてしまいますよね。

せどり・物販などの場合

十分な在庫を
確保しないと
売れない…

在庫がもし
売れ残ったら、
その分が赤字に…

noteなら、ただ文章のデジタルデータを販売しているだけなので、管理コストもないですし、品質が劣化することもありません。在庫を抱える必要もありません。先行投資も必要ないです。

仮に、誰一人買ってくれなかったとしても、自分の人件費以外は無駄にはならないですし、販売体制を維持するのに1円のお金も掛からないので、気長に買ってもらえるのを待つだけで構いません。仮にお金を稼げなかったとしても、別に損をすることもないので、プレッシャーがまったくないと言っていいです。

note副業は、誰にも縛られずに自由に稼げる手段

他の視点で、「クライアントワーク」などで副業収入を得る場合とも少し比較してみましょう。

ライターやイラストレーター、あるいは事務作業などの仕事をどこかから受注して、その報酬を得る稼ぎ方の場合、当然ながら、**頑張ってクライアントから仕事をもらわないと収入がゼロになってしまいます。**

多少無理な納期であっても仕事を引き受けないといけないこともあるでしょうし、取引先に頭を下げないといけないケースもあるでしょう。

副業を始めて最初のうちは、かなりの低単価で仕事を受けて、徐々に経験を積みながら単価を上げていくというプロセ

スが定石になります。クライアントから見て信頼性や実績が
なければ、まともな金額で受注はしてもらえないからです。

　そもそもの話、「ココナラ」「ランサーズ」などの個人副業
の仲介サイトで仕事を依頼する企業のほとんどは、低単価の
人材を求めているからこそ、このような手段で仕事募集をし
ているものです。
　つまり、**大前提として、個人が気軽に始められるクライア
ントワークやスキルシェアのサイトではお金はほとんど稼げ
ない（稼げたとしても時給換算が非常に低くなる）**というこ
とです。

　実際、初心者がスキルシェアサイトで受注できる事務作業
などの仕事は、その業務負荷に対しての報酬が極めて低いこ
とが多いです。軽く見積もっても 10 時間以上かかる作業な
のに報酬が 5,000 円、つまり時給換算 500 円以下というケー
スも決して珍しくないです。
　これだったら、日雇いのアルバイトでもした方がいくらか
マシですよね。少なくとも、時給換算 500 円以下になるこ
とは絶対にありません。

　最近流行りの「タイミー」などのスキマバイト（単発で数
時間だけ働き、数千円の報酬を即日で得られる仕組み）も、
人気の仕事は競争率が高くすぐに埋まってしまうため、初心
者は条件の悪い中で働くしかないです。
　また、収入源としての持続性がないため、常に新しい仕事

を探し続けなければならず、かなり大変です。

　本業の仕事をしながら、さらにプライベートの時間を削って副業をしているというのに、アルバイト以下の効率でしか稼げなかったら、とてもじゃないけどやる気が出ないと思いませんか？

スキルシェアなどの場合

実績や肩書がない
場合、単価が低くなる

ある程度の実績を積む
までは時給換算が低い
ので、やる気が失せる

そんな副業のやり方をするくらいなら、土日にウーバーイーツの宅配でもやった方がずっとマシな気がします。

　noteによる副業には、こういったストレスがまったくありません。単価を決めるのは自分ですし、商談や売り込みをする相手となる取引先が特にいないからです。誰からも「もっと早く書けよ」「こういう風に書き直せ」「値段を下げろ」などと要求されることがありません。

　ただ単純に、noteというプラットフォームに自分が書いた文章を置いておいて、それを見て気に入った人が買ってくれるというだけの仕組みです。
　個人的に文章を書いて、それを好きなタイミングで自由に投稿するだけなので、完全にストレスフリーです。

　こんな簡単な方法でお金を稼げるなんて、素晴らしいと思いませんか？
　もちろん、誰でも短期間に簡単に上手くいくというわけではないですが、**リスクを取らずにマイペースでストレスなく稼ぐ**という意味では、これ以上の方法はないと思います。

2-2. ブログではなく、note を書く理由

ブログの最大の弱点とは？

「文章を書いてお金を稼ぐ方法」という意味では、ブログも未だに根強いです。なぜ、ブログではなく note の方が良いと言えるのでしょう？

簡単に言えば、「note は広告収益モデルではないから」というのが一番大きいです。

ブログは、確かに有用な副業手段の一つです。ただし、最大の難点が「収益化の手段が広告しかない」ことです。副業の勉強をしている人なら、ある程度は知っている内容でしょう。ブログ副業を勧める人が口々に言うのが、**アフィリエイトによる収益獲得**です。

巷によくある「ブログで副収入を得よう」という内容の書籍や Web 記事などを読んでも、そこで紹介されている手段の 99% は、アフィリエイト広告モデルです。ほぼそれしかないと言ってもいいです。
つまり、**どこかの会社が運営している商品やサービスを紹介して、報酬として手数料をもらうという稼ぎ方**です。

例えば、ある美容サプリの宣伝をする代わりに、そのサプリが売れた金額の数 % を報酬としてもらったり、英会話ス

クールの宣伝をする代わりに、契約 1 件あたり手数料 3,000 円を得たり、といった手法です。

　いわゆるインフルエンサーやブロガーと呼ばれる人たちの多くは、この手法によって SNS やブログで収益を得ています。

アフィリエイトの仕組み

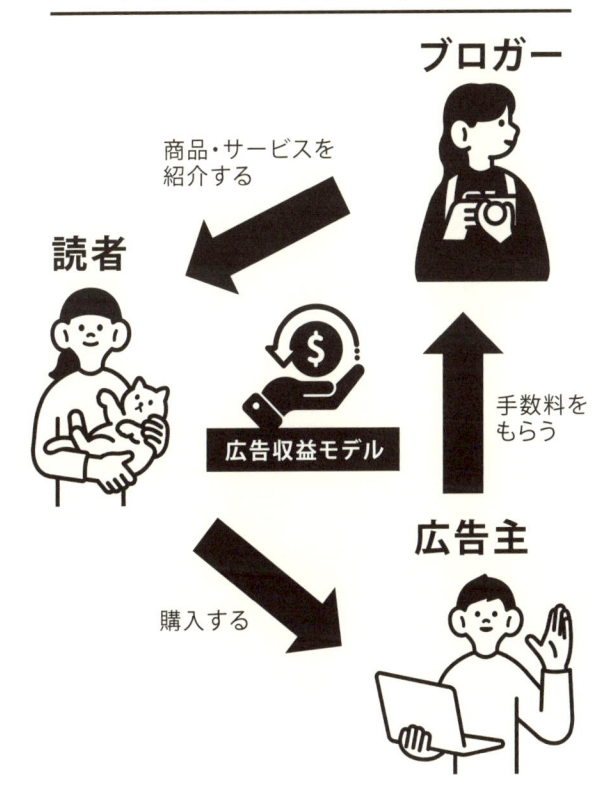

ブロガー

商品・サービスを
紹介する

読者

広告収益モデル

手数料を
もらう

購入する

広告主

別に、アフィリエイトが悪いとは言いません。一つの確かな収益化手段ですし、私自身も現在進行形で一部はやっています。自分が「このサービス、めちゃくちゃ良いな」「このアプリ、すごい使えるな」と思ったものを紹介する分には、何の問題もないでしょう。

　ただし、**お金を稼ぐ方法が「広告しかない」**というのは、流石にちょっと問題があります。

「広告」のために書く文章に、魅力はない

　ブログの収益は、基本的に広告に依存しています。しかも、**その利益はほとんどの場合、成果報酬**です。
　どういうことかと言うと、ただ紹介するだけでは１円もお金を得ることができず、サービスの申し込みや商品の購入、無料体験の実施などを経て、やっと自分に利益が入ります。

　この前提だと、どんな不幸が起こると思いますか？
　あからさまに強引な広告への誘導や、広告リンクを踏ませたいがためだけに書かれた無益な記事の量産です。
　ここ数年、Google 検索で出てくる記事がどれもこれも広告へ誘導する流ればかりで、情報としてまったく役に立たない、という経験をしたことがある人は多いでしょう。

　私の知人のある方は、SNS でフォロワーが増えてきたのを

きっかけに、ブログで「育毛剤の宣伝」を頻繁にするように
なりました。「ブログに記載した URL 経由で育毛剤が売れれ
ば、1本あたり1万円の報酬がもらえる」などの好条件で、
自社商品の宣伝を積極的にしてほしいと企業から頼まれて
やっていたようです。

　ただ、この人、実は元々は「アジア諸国での海外現地生活」
について発信しているインフルエンサーだったのです。私た
ちが知らない現地のローカル情報を面白おかしく取り上げて
くれるのが、とても大きな魅力でした。
　それが、ある時からなぜか「最近はやたらと薄毛が気にな
る」「頭髪のことで妻と口論になった」など、**あからさまな
広告収益目的の発信内容**が増えていきました。当然、ブログ
記事の内容や SNS 投稿の印象はガラッと変わり、見ていて
つまらなくなってしまったので、フォロワーは減り続け、人
気は落ちていきます。

　結局、その人はその後、ブログの更新も SNS 投稿もほと
んどしなくなり、インターネットから姿を消してしまいまし
た。今はどこで何をやっているのかも分かりません。
　その人は、かつてアジアの辺境の村で出会った美しい風景、
見たこともない謎の食べ物に挑戦する様子、日本にいたら到
底出会えなかった人たちとの出会い、そこで思ったこと・感
じたことなどを発信していました。その頃の方が、ずっとずっ
と魅力的に見えました。

「広告で収益を得る」のが目的になってしまうと、ブロガーやインフルエンサーは途端に訳の分からない方向に走って行ってしまいます。読者やファンもすぐに離れていきます。

　誰かの広告を代理で販売するために書いた文章って、読んでいて全然面白くないんですよね。本人も、書いていて全然面白くないと思います。だから続けられないのです。
　他人の商品を売る営業マンのような仕事を、わざわざ本業以外に副業でやろうというのは流石にしんどいです。この状況では、仮に短期的にある程度のお金を稼げたとしても、モチベーションが続かず、長く続けることはできません。最終的には、不幸な結果になってしまいます。

ブロガーを縛る「SEO」という呪い

　ブロガーの「Google 検索依存」も、大きな問題点の一つです。ブログを書く人は、誰も彼も「SEO」の呪縛に囚われています。SEO = Search Engine Optimization（検索エンジン最適化）、つまりは Google の検索結果で上位を取るための努力のことです。

　何かの情報を得たいと思ったとき、とりあえず Google や Yahoo などの検索エンジンでキーワード検索をして調べる人は多いでしょう。ただ、このとき実際に訪問するウェブサイトは、せいぜい検索結果の上位 10 位以内くらいですよね。

ましてや、検索結果の2ページ目、3ページ目までじっくり一つずつ読んでいく人はほとんどいません。それをやるくらいなら、キーワードを変えて再度検索をやり直すでしょう。

つまりは、「検索上位を取る」ことなしにブログ運営は成り立たないと言えます。これは、ブロガーの世界では基本中の基本、一番大事な常識です。

これが結構致命的で、SEOが上手くいかないと個人ブログはまったくアクセスされません。

結果として、大多数のブロガーは「いかにGoogle検索で上位を取るか」「どうすればGoogleに気に入ってもらえるか」という視点で、ひたすらGoogleに好かれるために記事を書いています。

この話、何となく理屈は分かると思うのですが、よく考えてみると、情報発信のやり方としては非常に不健全な状態です。SEOにばかり囚われていると、**Googleのために働いている状態**になります。

自分が書きたいことを自由に書くのではなく、**Googleが喜ぶ方法に則って、広告主が喜ぶ内容だけを大量に書いて、ひたすら読者を広告に誘導するためだけに文章を書く**ということです。

だって、そうしないと収益はずっとゼロで副業として成立せず、活動を長期的に維持できないのだから。

ちなみに、Google の検索アルゴリズムは、定常的にアップデートを繰り返しています。Google を喜ばせる方法を身に付けたとしても、その攻略法は日々変化していくので、SEO との戦いは永遠に終わりません。ひたすら検索順位を追いかけ続ける毎日です。

ブロガーを縛る「SEO」の呪い

ブロガーの人たちは日々、「うわぁ、また Google 公式からアップデートの発表があった」「検索順位が一気に落ちたらどうしよう、怖いなぁ」「最近アップデート多すぎないか？これじゃ収益が安定しないよ」と、口癖のように言い続けています。

　読者を見るよりも先に Google の奴隷にならなければ、ブログでお金を稼ぐことはできないのです。こんなやり方の副業をやっていて、毎日楽しいと思いますか？ よほどの Google マニアじゃないと、流石に無理じゃないでしょうか。

note は、書き手のため、そして読者のために存在する

　ここまで説明してきたのが、ブログ副業の難しさ、そして辛さです。私自身も、以前はある程度ブログで稼いでいた時期がありましたが、もうほとんど辞めてしまいました。

　広告主の意向や Google の仕様変更に左右されるため、まったく収益が安定しなかったり、頻繁に記事を書き直したりしないといけないのがしんどかったというのが本音です。

　何より、ブログ副業で稼ごうと思ったら、自分の好きな内容で自由に文章を書けないというのが、ものすごく嫌でした。広告へ誘導するための文章、Google に好まれる文章を追求するのって、全然楽しくありません。書けば書くほど、どんどん嫌になってしまうので続けられません。

noteの企業理念である「だれもが創作をはじめて、続けられるようにする」の、「続ける」の部分がどれだけ重要か、少しは分かっていただけたでしょうか？

　私はnote社の回し者でも何でもありません。単なる一人のnoteクリエイターです。note社から見たら、何百万人もいるユーザーの一人に過ぎません。誰だよ、お前は？　という話です。

　しかし、これまで私自身もブログ副業も一通り経験しているからこそ、それらのビジネスとは一線を画すnoteに対しては、個人的に思うところがあるのです。

　広告主や取引先を一切気にしなくていい創作活動って、何て自由で楽しいのだろう、と。

　控えめに言って、最高です。

　ブロガーの大多数は、広告主を見て記事を書いています。Googleの検索アルゴリズムを気にして記事を書いています。私も、そういう時期がありました。

　今は、ちがいます。私は現在、記事を読んでくれる読者のためだけに記事を書いています。

　それだけで、私の執筆業は十分に成立するからです。noteで書く記事は、広告主やクライアントに依存していないからです。

Google の検索上位になるために注目キーワードをやたらと詰め込む必要もなければ、広告主に忖度して特定の商材を大げさに持ち上げることもありません。

　私が書いた記事の続きを知りたい、最後まで読みたいと強く思う人が多ければ多いほど、読者は増えて、売上も増えます。これはシンプルに、自分が書いた文章に価値があるか/ないかだけの勝負です。

　良いものを書けば売れる。面白いものを書けば読まれる。本当にそれだけです。

　だからこそ、note による副業はとても自由で、ストレスなくマイペースで稼げるのです。

　誰に媚びる必要もなく、忖度も営業も接待も不要だから。シンプルに、その文章に「お金を出してでも読む価値」があるかだけが評価基準だから。

　note というプラットフォームは、純粋に文章の書き手のため、そして読者のために存在するのです。

ブログよりも、note の方が実はハードルが低い

　ブログと note を比較して、改めて考えてみてください。

　文章を読んだ読者が「紹介した広告に流入した数」に応じて収益を得られるよりは、純粋に「文章の価値」に課金してもらえる方が、お金の稼ぎ方として健全だと思いませんか？

だからこそ、note を書くという行為には大きな価値があるし、note を書いてお金を稼ぐ心理的なハードルは限りなく低いのです。その過程においては、誰の言うことも聞く要はないし、誰に忖度する必要もないのだから。

　いわば、note は**最も簡単に・誰でも・ノーリスクで始められる「個人ビジネス」**です。
　世界で一番簡単な「一人起業」の手法だと言ってもいいです。

　個人ブログでは、なかなか同じようにはいきません。レンタルサーバーを借りるのに定期的に固定費が掛かりますし、SEO 強化のために独自ドメインを購入し、WordPress テーマを導入し……と、実は色々とコストが発生します。

　広告主への誘導をしなければ収益がゼロになってしまうので、自分の好きなことを自由に書けるわけではないし、広告主にとって少しでも不利になる内容は書けません。
　報酬単価の交渉をしたり、相互リンクを貼ってもらうために営業をしたりと、サラリーマンと同じような努力が常に求められます。結局は、クライアントに従って「指示されたこと」「要求されたこと」をやっているだけの、組織の奴隷です。

　これでは、せっかく個人で取り組んでいる副業なのに、やっていることは会社員の仕事と大差ありません。上司の一方的な指示や、取引先の理不尽な要求に黙って応じるだけの無機

質な仕事と、本質は何も変わりません。

　ブログで成功するためには、それだけ「記事を書く」以外の膨大な労力が必要だということです。

　note で文章を書くのは、根本的にベクトルがちがいます。note 副業では、「質の良い記事を書くこと」以外には、ほとんど努力をする必要がありません。それで十分に稼げるようになります。

ブログとnoteの比較

	ブログ	note
ビジネス構造	広告収益モデル	コンテンツ販売
お金を払う人	広告主	読者本人
文章を書く目的	広告主の商品・サービスを売ること	自分自身が作ったコンテンツを売ること
成功の必須要素	Googleと広告主に気に入られること	多くの読者に気に入られること

実際、私は「読者から見て面白い記事を書く」以外の努力をほとんど何もしていません。それで十分、note の収益だけで生計を立てられるほどの金額を毎月手にしています。

Kindle 自作出版とのちがい

　ちなみに、同じように「自由に文章を書いて、それに値段を付けて売る」という意味では、Kindle による自作出版という手段もあります。

　Amazon が運営する電子書籍プラットフォーム、**Kindle（キンドル）による個人向けの電子書籍出版サービス、Kindle Direct Publishing（キンドル・ダイレクト・パブリッシング）という仕組み**です。

　私も、出版社を介した商業出版の他に、Kindle でも自主制作の電子書籍を過去に何冊か出しています。

　ただし、note と Kindle を比較すると、同じ「文章を書いて稼ぐ」目的であれば、副業手段として note の方が圧倒的にオススメです。特に、初心者でも始めやすい / 稼ぎやすいのは絶対に note です。

　Kindle 自作出版は、感覚的には note に近いものの、note とは明らかに異なる点が 2 つほどあります。

- 電子書籍のフォーマット作成などに手間がかかる
- 印税（ロイヤリティ）が低くお金を稼ぎづらい

　まず一点目、制作プロセスについて。note で記事を書くのは非常に簡単です。例えるなら、X や Instagram などの SNS 投稿と大差ありません。note 画面で文章を書いて、公開ボタンを押すだけです。会員登録も、メールアドレスやユーザー名、パスワードの登録のみで非常にシンプルです。

　Kindle で電子書籍を作るのは、実は非常に面倒です。 大前提として、原稿は Microsoft Word や PDF ではなく、MOBI, EPUB など電子書籍専用の形式のファイルを用意する必要があるのですが、これが本当にややこしいです。アップロード用のファイルの作り方を調べるだけでも、初心者には一苦労です。Amazon の操作画面なども非常に分かりづらく、エラーが出ることも多いので、ある程度 PC や IT のリテラシーがないと販売開始前の時点で挫折します。

　準備段階でのアカウント登録なども、日本人の普通の感覚から言うと、分からないことだらけで難易度が高いです。
　英語で色々と書かれた画面上に納税番号を登録しないといけないなど、初心者にはハードルが高すぎます。

　次に、二点目、印税（ロイヤリティ）について。Kindle で自主制作した本は、Amazon のプラットフォーム上で販売され、販売部数に応じて印税のようなものが支払われる形

になりますが、印税率は 30% と、決して高くはありません。note の有料記事なら売上の 80% 程度が収益として得られますが、Kindle はたったの 30% ということです。

Kindle出版とnoteの比較

	Kindle出版	note
販売形態	電子書籍（Amazonで販売）	インターネット記事（noteで販売）
制作プロセス	EPUB／MOBIなど特殊な形式のファイルを用意	PC／スマホのWebブラウザで書くだけ
販売前の登録	英語の説明文を読んで納税番号登録など難しい	SNS同様の簡単な登録のみ
収益の計算基準	印税収益が売上の30%、もしくは読み放題登録で無料でも読める状態にすることで印税70%	手数料差し引き後、売上の70〜80%程度

この解決策として、電子書籍を Kindle Unlimited 読み放題サービスに登録することで売上の 70% のロイヤリティを得るという手段もありますが、これをやると、自分が作ったコンテンツを実質的に無償公開することになってしまうので、結局は収益金額はそれほど上がりません。

　note と Kindle 出版の両方を過去に複数やってきた私の肌感覚から言うと、note で有料販売すれば月 3 万円稼げるレベルの文章でも、同じものを Kindle で出すと月 5,000 円程度にしかならない、というイメージです。

　スマホ画面でスクロールして読む note に対して、Kindle は 1 冊の本（電子書籍）として読めるので、長編の小説物語や、最初から最後まで通して読むことで価値が生まれるような文章の場合は Kindle の方が読書体験として適していると言えます。
　一方、**副業初心者から見た作りやすさ、稼ぎやすさという点で言えば、Kindle を選ぶメリットはほとんどないです。**明らかに note に分があります。

2-3. note は、集客に強い

note を支えている、ドメインパワーの強さ

　以上のように、note は、副業初心者の個人でも自由に今日から稼げるようになる、夢のような文章投稿環境を実現しています。そのプラットフォーム基盤を支えているのが、**note 自体が持つドメインパワーの圧倒的な強さ**です。

　note は SEO に極めて強く、Google 検索からの流入が相当な割合であります。ただ記事を書くだけで、Google 検索経由で読んでもらえる可能性がそこそこあるのです。
　多くのブロガーが個人ブログの検索順位を上げるために日々四苦八苦しているときに、note ユーザーは最初から「検索上位を取れる優先権」を与えられているようなものです。

　同様に、**プラットフォーム内の回遊率が高い**のも大きなメリットです。つまりは、自分で頑張って SNS などで一生懸命宣伝したりしなくても、一定数の人は note の中で記事を見つけてくれて、自然と読んでくれます。
　2024 年 6 月の Similarweb のデータでは、note が国内ブログサービスウェブアクセス数でトップに立ちました。国内ウェブサイトのアクセス数ランキングでも 14 位になっています。
　noteというプラットフォーム自体に数百万人単位でアクティブユーザーが常にいるので、広告での拡散や SNS 流入に

頼らずとも、一定のトラフィックを獲得することが可能です。

簡単に言えば、ブログとはちがって、**何の影響力もない無名の人が初めて記事を書いても、数百人〜数千人単位の読者に読まれる可能性がある**ということです。

私が初めて無料記事を書いたときは、公開からたった数日で 300 人くらいの読者が付きました。SNS での「いいね」に当たる「スキ」ボタンを押してくれた方も沢山いました。

当時、私の X（Twitter）アカウントは存在しません。フォロワーはゼロです。どこにも何も宣伝していません。完全に note 内での流入のみです。それでも、**公開数日だけで数百人の人に読まれる**という経験をしました。

note というプラットフォーム自体が元々備えている拡散力を実感した瞬間でもありました。

note の攻略法を標榜する人たちの中には、「ハッシュタグをたくさん付けろ」「お題企画に参加して目立て」などとアドバイスをする人が少なくないです。しかし、そういう小手先のテクニックは、あまり気にしなくていいんじゃないかな？ と私は思っています。

なぜかと言えば、note というプラットフォームそのものが既に「強い」からです。余計なことを考えなくても、**ただ「質の良い記事を書く」だけで数百人以上に見てもらえるほど、note には集客力が備わっている**からです。

note 副業は、文章力がないとできない？

なぜ、ブログや他の手段ではなく note 副業がオススメなのか、ある程度は理解してもらえたでしょうか？

簡単に言えば、note でお金を稼ぐためには「**文章を書く**」**以外の雑多な作業や、人間関係のストレス、お金にまつわる不安要素などがほとんど存在しない**ので、誰でも自由に、気楽にマイペースで続けられるということです。

読者の皆様の中には、「自分にはあまり文章力がないので、記事を書いて稼ぐのは難しいかも……」と不安になってしまう人もいるかもしれません。

もちろん、文章力は、ないよりはあった方が良いです。文章が下手な人よりは、上手な人の方が note で稼ぎやすいのは間違いありません。

ただ、現時点での文章力がそんなに優れていなくても、note で月 5 万円〜 10 万円くらいなら十分に稼げます。また、書き続けているうちに自然と文章は上手くなるものなので、note の投稿を継続しているうちに文章力も鍛えられ、いずれは 10 万円以上稼げるレベルになるはずです。

流石に「文章を書くのが大嫌い」という人には、note は副業手段として合わないかもしれませんが、それ以外の人なら、十分に note で稼げる可能性があります。

そもそも、ほとんどの人は普段から、仕事や書類手続き、

メールやチャットのやり取りなどで継続的に文章を書く経験
はしているはずです。

　一般的なビジネス文書が書ける人であれば、まったく問題
はありません。日々やっているのと同じことを、note でや
ればいいだけです。そんなに特別な技術は必要ありません。
　どちらかというと、「文章力がないから無理…」と、自分
の可能性を自ら狭めてしまうことの方が問題です。何事も、
まずは試しにやってみることが大事です。

　ここまで読んでも、まだ自信が持てない、上手く書けるか
分からないという人のために、この本の第 5 章に、「note で
読まれる文章の書き方のコツ」をまとめています。そちらも
ヒントにしながら、執筆を検討してみてください。

この章のまとめ

副業手段としての note の優位性

　初期投資およびランニングコストがゼロ。収益を上げるた
めの費用負担がなく、赤字になる心配がない。
　プレッシャーやストレスがほとんどなく、自分のペースで
無理なく続けられる。

note の具体的なメリット

文章を書くこと自体が主な活動となり、在庫管理や顧客対応などの業務が不要。

クライアントワークのような納期の厳守やクライアントからのプレッシャーがない。

ブログとの比較

note は広告収益モデルに依存せず、純粋に文章の価値で収益を得ることができる。

ブログは SEO や広告主への配慮が必要で、広告リンクへの誘導が主な収益手段となるため、文章の質よりも広告収益が優先されがち。

note のプラットフォームとしての強み

note 自体が SEO に強く、プラットフォーム内の回遊率が高いため、新規ユーザーでも多くの読者を獲得しやすい。

初心者でも質の高い記事を書けば、多くの読者に読まれる可能性がある。

第 3 章

普通の会社員が、
noteで副業を始める方法

3-1.「何を」売るかが、第一関門

note を書く個人にしかできないこと

　ここからは、もう少し具体的な方法論に入っていきます。

　第3章では、note の有料記事に何を書くべきか？ という WHAT の部分を詳しく解説していきます。読者の皆さんも、「自分だったらどんな記事が書けそうかな？」と具体的に考えながら読み進めていってください。

　何を書くかというテーマ選定は、非常に重要です。この時点で致命的な失敗をしてしまうと、その後の流れはすべて崩れます。記事作成の大前提として、WHAT が一番大事なのです。

　この本で説明しているのは、主に「note で記事を有料で売ること」です。つまり、ただ書くだけではダメで、他人から買ってもらえないと意味がありません。商売の基本中の基本として、人間の購買行動プロセスにおいては、そもそも「欲しくないもの」をどのように工夫してアピールされたところで「欲しくない」事実は変化しないので、ビジネスが成立しません。

　どう売るか、何円で売るか、どこで集客するかなどよりも先に、「何を売るか」がしっかりしていないと、もう何をやっ

ても無駄ということです。売り文句を何度も調整したり、見栄えを良くしたり、価格設定を変えたり、一生懸命宣伝したりしても、結局はお客さんは「欲しくないもの」にお金を出すことはありません。

　まずは「欲しい」と思ってもらえる可能性のあるものを売り物にしないと、話にならないのです。

　では、その「欲しい」という衝動は、どうやって生み出せばいいのでしょうか？

「情報の希少性」を売りにすると、失敗する

　note など、広義の「情報発信」について考えるとき、多くの人が、「誰も知らない貴重な情報を提供することが価値になる」と思っています。

　しかし、それは間違いです。**「誰も知らない貴重な情報」なんて、そんな都合の良いものを持っている人はほとんど存在しません。**だって、その情報は「誰も知らない」のだから。
　この世の中に、「自分しか気づいていない有益な情報」「自分にしか生み出せない画期的なアイディア」なんて、そうそうあるはずがないです。
　もし、そんな素晴らしいものを持っているなら、note 副業なんてしなくても何十億円でも何百億円でも稼げそうです。だって、その情報は「誰も知らない」のだから。

もし、そんなヤバい話を知ってしまったら、闇の組織に命を狙われる可能性さえあります。極めて危険です。

　現実には、自分が知っている情報は「他の誰かも知っている」ものです。自分が思いついたアイディアは「他の誰かも思いついている」ものです。
　「情報の希少性」で勝負しても、あまり意味はないということです。

　そんな大層な価値のある情報を持っている人なんてほとんどいないですし、今の時代、情報やアイディアそれ自体には実はそんなに大きな価値はないです。
　逆に言えば、**めちゃくちゃ価値のある超稀少な情報なんて持っていなくても、note 記事を書いてお金を稼ぐことは可能**です。

一次情報こそ、AI 時代を勝ち抜くためのキーポイント

　あなたは、ChatGPT など大規模言語モデル（LLM）を試したことがありますか？
　大抵の情報は、もはや AI に聞けば手に入れることができます。世の中の人々の多くの悩みは、AI に質問すれば大まかな回答は得られてしまいます。

情報の「稀少性」で
勝負してはいけない

よく、情報発信においては「人々の悩みを解決できる内容を発信しよう」と言われますが、**悩みを解決するだけでいいなら、AI で十分に対応できます。** SNS や note の出る幕はありません。

　誰も知らない貴重な情報なんて、もうほとんどこの世には存在しないのです。大抵のことは AI に聞けば答えが出てしまいます。私たちは、すでにそういう世界に生きています。

　しかしながら、**AI には絶対に再現できない内容**が、たった一つだけあります。

　それは、「**実体験エピソードを語ること**」です。

　つまり、誰かに聞いたことや、調べたこと、本で読んだ知識などではなく、**自分自身が実際に体験した「一次情報」**を売りにするということです。

　これこそが、note 副業を成功させる上での最大のポイントだと言えます。

3-2.「実体験」が生み出す、圧倒的な価値

一般人の note を魅力的な文章にする魔法

　ちょっと分かりづらいかもしれないので、具体例を挙げましょう。

　例えば、あなたは今、note 記事によって次のような人の悩みを解決したいと仮定します。

　長年、ダイエットを続けているのだけれど、なかなか痩せられない。
　頑張って運動をして何kgか痩せたとしても、ついついお菓子を食べてしまったり、お酒を飲んでしまったりして、すぐにリバウンドしてしまう。
　今度こそ、本気でダイエットを成功させて、スリムな体型に生まれ変わりたい。

　この人の悩みを解決する情報が欲しいだけなら、AI で十分に対応可能です。

　試しに、ChatGPT に上記の文章を入力すると、あっという間に返答が来ます。

「短期間で急激に体重を減らすのではなく、長期的に持続可能なペースで減量する目標を立てましょう」「バランスの取れた食事を心がけ、特に野菜、果物、全粒穀物、タンパク質を摂取するようにしましょう」「楽しめる運動を見つけ、日常的に取り入れましょう。ジムに通うのが難しい場合でも、家でできるエクササイズやウォーキングなどが効果的です」などなど……極めて正しく、**客観的な解決方法**を次々に提示してくれます。

　それだけではなく、具体的な行動計画例として、「週に3回、30分以上の有酸素運動を行う」「毎日、朝食に果物とヨーグルトを加える」などの**実践的なアドバイス**もたくさん出してくれます。

　この情報が欲しいだけなら、ChatGPT を使えば30秒で、無料で手に入ります。終了です。note 記事の出る幕はありません。

　しかし、ちょっと立ち止まって考えてみましょう。上記のダイエットで悩んでいる人が本当に欲しいのって、「バランスの取れた食事を摂りましょう」「家でできるエクササイズに取り組みましょう」などという、**ただただ正しいだけの情報**ではないですよね？

　そんなことは、恐らく、もう知識としては知っているから。「食事制限をして運動をすれば痩せる」なんて、みんな、とっくに理解していますよね。

答えはもう出ています。情報はすでにあります。

しかし、この情報自体にはあまり価値がありません。誰もこの情報にお金を出す気にはなりません。

このとき、ダイエットで悩む人の目の前に、こんな note 記事があったらどうでしょう？

> **35歳独身、体型がコンプレックスだった私が**
> **1年かけて無理なく楽しく17キロ痩せて、**
> **理想の相手と婚約するまでにした⑳のこと**
>
> 逆襲のミサト　　　　　　　　　　note

これなら、ちょっと読みたくなりませんか？

500円くらいなら払ってもいいかな……と思う人が、一定数はいる気がしませんか？

これが、一次情報が生み出す価値です。

「何を」言うかよりも、「誰が」言うかで勝負する

実は大事なのは、「何を」言うかよりも「誰が」言うかです。

上記のダイエットの例、「35歳で17キロ痩せた私」が語

る情報の中身も、結局は、要約すれば食事制限と適度な運動です。最初から決まりきっています。

　人間が体重を落とす方法なんて、すでに研究し尽されているはずです。怪しい「開発中の新薬」にでも手を出さない限り、言っていることは大体みんな同じです。

　ChatGPT が出した答えと大差はありません。せいぜい、そこに個人的な工夫や、モチベーション維持の精神論などが付け加えられているだけです。コアになる情報は ChatGPT と大差ないですし、その情報は無料でも余裕で手に入るものです。

　情報自体に、何か大きな価値があるわけではないのです。
　大事なのは、「何を」言うかよりも、「誰が」言うかです。

　何年ダイエットを続けていても痩せられない自分が情けない。
　おしゃれな服を着こなすことができない不格好な体型が悩ましい。
　彼氏が欲しい。イケメンの彼氏が欲しい。高学歴でお金持ちの彼氏が欲しい。
　優しくて気遣いができて笑顔が素敵な彼氏が欲しい。
　彼氏が欲しい。彼氏が欲しい。彼氏が欲しい。彼氏が欲しい。彼氏が欲しい。彼氏が欲しい。
　結婚したい。
　結婚したい。結婚したい。結婚したい。結婚したい。

イケメンで優しくて高学歴で実家が太い彼氏と結婚したい。

　イケメンで優しくて高学歴で実家が太い醤油顔のゲーム好きな彼氏とハワイで結婚式を挙げたい。

　イケメンで優しくて高学歴で実家が太い醤油顔のゲーム好きな彼氏にワイキキビーチでお姫様だっこされて世界一素敵なウェディングフォトを撮りたい。

　絶対に痩せてやる。

　この体重のままでは、ワイキキビーチでお姫様だっこしてもらえない。きっと醤油顔の彼氏の腕の骨が折れてしまう。

　絶対に痩せてやる。絶対に痩せてやる。絶対に。

　絶対に。絶対に。絶対に。絶対に。絶対に。絶対に。

　この気迫が文章に乗るからこそ、この note 記事には価値が生まれるのです。

　この人の人生についてもっと知りたい、この人がやったことを追体験したい、この人の心の底から湧き出る気持ちを感じ取りたい、自分もこの人みたいに強くなるためのヒントが欲しい、という生々しい感情が揺れ動くからこそ、「500 円くらいなら払ってもいいかな…」とスマホ画面の購入ボタンに指が伸びるのです。

「一次情報」が持つ圧倒的なパワー

<u>「誰が」言うか ＝ ストーリーが価値を生む</u>

なんとなく、分かりましたか？

先ほどの例の、まるで何かに取り憑かれたかのようにダ

イエットに臨む壮絶な執念と怨念、「痩せて綺麗になって絶対に理想の彼氏と結婚してやる」という感情的な凄みは、AIには絶対に再現できません。

「何を」言うかよりも、「誰が」言うかが大事というのは、こういうことです。

AI が出した「食事制限と運動が大事です」という模範解答に、お金を払いたい人はいません。その情報は紛れもなく正しいですが、お金を出す価値は誰も感じません。

しかし、「35 歳・独身女性の執念の逆襲物語」は、みんな気になりますよね。ダイエット中じゃない人でも、心を動かされて読みたくなってしまうのではないでしょうか。

仮に、この女性が最終的に「私は結婚しないで一人で強く生きていくことにした」という結論を出したとしても、それはそれで読んでみたいですよね。そのくらいのインパクトがあります。もはや、この人のファンになりかけているのです。

note の有料記事に何を書くべきか？ という WHAT の部分とは、つまりは、「ストーリー」です。あなただけが持っている、人生の物語のことです。

書いてある情報自体は単なる「正論」や「一般論」、あるいは「個人的な意見」でしかなかったとしても、そこに過去の人生の邂逅と逡巡を上乗せして、生々しく、時に荒々しく、情熱と信念と魂の叫びを文章に練りこむことによって、**あなたが書く note 記事は、「お金を出してでも読む価値のあるもの」に仕上がるのです。**

ストーリーこそが圧倒的な説得力を生み出し、読者の琴線に触れる"エモさ"を作り出すのです。

　さあ、ここまでの例を参考に、ちょっと自分事として考えてみてください。

　あなただったら、どんな内容の記事が書けそうですか？過去に苦労して身に付けたこと、乗り越えたこと、頑張って達成したこと、あるいは、嫌で嫌で仕方なかったから辞めてしまったことなどでも構いません。
　その時の気持ちを、赤裸々に note の中で語るのです。それこそが、唯一無二の価値になります。「お金を出してでも読みたい」という価値になります。

　重要なのは、「自分の心の底から湧いて来る感情を乗せて書けるか」というポイントです。情報としての稀少性や、徹底的な再現性などはそれほど必要ありません。どこかで誰かがすでに言っていることでも構いません。
　どうせ、世の中のありとあらゆる情報は、すでに誰かが昔から言っているのと内容的に大差はないのだから。

　情報それ自体を売るのではなく、そこに自分なりの視点を加え、実体験を交えたエピソードとして売るというのが肝です。
　いわば、大学受験や高校受験の「合格体験記」のようなものです。その内容には、問題の解き方や暗記のコツといった

試験突破のカギとなる情報は含まれていないはずですが、それでも、合格を目指す多くの人がついつい読みたくなってしまう魔力がありますよね。それと同じことを、「受験」以外のテーマでやればいいのです。

　過去の体験を振り返って、どんなテーマ、ジャンルなら書けそうか、具体的に考えてみてください。最初から完璧にできなくても構いません。今はアイディアだけでも構いません。少しずつであっても、自分の中で具体化していくことが大事です。

情報は大事だが、もっと大事なのは「心の叫び」

　私が書いた note 記事「安斎響市の転職プロジェクト」は、累計 4 万部以上売れています。

　自分で言うのもなんですが、これは驚異的な数字だと思います。私が過去に書いたどの本よりも、この note の方が多くの人の手に届いています。
　「なんで日本全国の書店に並んでいる書籍より note の方が数が出るんだよ、おかしいだろ」という気さえしています。本当に納得がいきません。皆さん、近所の本屋さんに行って私の本をもっと買ってください。

　「安斎響市の転職プロジェクト」は、私が note を始めてから 2 つ目に書いた有料記事で、最初の 1 週間で 10 万円以

上を売り上げ、その後もずっと売れ続けています。

　なんと、公開から約4年経った現在でさえ、毎月たくさんの人が買って読んでくれています。もはや、何もしなくても毎月お金を運んできてくれるので、不労所得に近いです。

　記事の中身を知りたい人はぜひ一度読んでほしいのですが、**公開から何年経っても絶えず読まれ続けている理由の一つは「ストーリー」の存在だ**と、私は思っています。

　もちろん、この記事の中には様々な価値ある情報が散りばめられています。できるだけ具体的な情報提供をしたいと思って、本気で書いたものです。

　転職活動の基本情報、書類選考を通過するコツ、面接で評価されるための準備方法、内定オファー後の年収交渉の秘訣など、これから転職を考える人たちにとって必要な情報が網羅されていると言っていいです。

　ただ……　**その情報にそんなに、ものすごい希少価値があるのだろうか？**　というと、私には正直よく分かりません。

　転職活動の攻略法に関しては、人材業界の人や、ベテランの転職エージェントなどの方が私よりもずっと詳しいでしょう。私には、製造業とITの2つの業界の経験しかありません。職種としては、主に商品企画と事業企画、海外営業くらいです。人事部で働いたことは一度もありませんし、人事畑や人材業界出身の友人なども一人もいません。

私個人が持っている転職に関する情報が、他の誰にもたどり着けないほど超貴重で極秘でトップシークレットなのかというと、明らかにそんなことはないでしょう。

　それでも私の note 記事が売れるのは、「早く転職したい」「もう会社を辞めたい」「キャリアアップして年収を上げたい」「理想の職場環境を手に入れたい」という過去の私の心の叫びが、文章の端々に浮き出ているからじゃないかと私は考えています。

　簡単に言えば、リアルで生々しいのです。そこに書いてある、すべての情報が。

　これは、あくまで日常的に仕事を淡々とこなしている転職エージェントや、人材業界の会社の偉い人などには絶対に書けない文章です。

　「今回の転職で人生をガラッと変えてやるんだ」「このクソみたいな職場を抜け出して本当に本心からやりたい仕事をするんだ」「自分の能力は他の会社でも十分に通用すると証明してやるんだ」という生身の人間の感情が文章に乗っているからこそ、みんな、私の note 記事をお金を出してでも読みたいと強く感じるのでしょう。

　そこに書いてある情報の希少性や妥当性というよりは、「**転職で人生を変えた一人の人間のストーリー**」を読んでみたい、**この人のリアルな考えを知りたい、自分もそういう風になりたい**という衝動に突き動かされて、私の note を購入する人が今日も明日も数多くいるのではないかと思います。

3-3. 具体例：note で稼げそうなテーマの作り方

HARM の法則は、本物か？

　ここまで読んでも、まだ「自分にはどんなテーマの記事が書けそうか、いまいちピンと来ていない」という人もいるでしょう。そんな読者の方々に、もう少しだけ考えるためのヒントをお教えします。

　重要なのは、「リアルで生々しい体験とそこから生まれた感情」が文章に乗っているかどうかです。

　SNS の発信テーマの決め方や、note やブログの執筆テーマの選び方に関しては、多くの人が「HARM の法則」に従って考えようというアドバイスをしています。

　「HARM の法則」とは、

- Health ＝ 健康
- Ambition ＝ キャリア・夢・将来
- Relationship ＝ 人間関係
- Money ＝ お金

　これら 4 つの人間の根源的な悩みに着目して、それを解決できるような訴求をすればビジネスは成功する、という考え方です。

　この話自体は、一応理解はできるものの、**有料 note の記**

事執筆テーマ検討過程においては、この考え方ではほぼ確実に失敗します。

ここまで、繰り返しお伝えしてきたことです。「リアルで生々しい体験とそこから生まれた感情」が大事だと。それがあるからこそ、芸能人でも作家でもない素人の文章にお金を出してもらえるのだと。

「HARM の法則」で考えて、「ヨシ、人間の悩みなんて大体はお金か健康か、もしくは人間関係だよな。さてさて、この中のどれについて書けばいいかな…」なんて思考を巡らせたところで、決して良い記事は書けません。

「なるほど、なるほど。Ambition ＝ キャリアが大事なんだな。この安斎とかいうヤツも転職をテーマにして儲けてやがるしな。うんうん、俺も転職やキャリアについて書いてみるか」と、私の真似をしようとしても、たぶん、ほとんどお金にはならないでしょう。

ただ誰かの真似をしても、ダメなんです。いかにも売れそうなテーマ、需要のありそうなトピックを選んでも、意味がないのです。

そこには、自分の実体験から来る強烈なストーリーが存在しないからです。

人間が持つ根源的な悩みが「HARM の法則」で説明できるというのは、決して間違ってはいません。ただし、その話と、

他人がお金を出してでも読みたい記事を書けるかどうかは、ほとんど関係がありません。

　現に、有料 note の成功事例としてよく目にする「家庭料理ノウハウ」や「観光案内」などは、「HARM の法則」には直接的には含まれていません。

HARMの法則に囚われてはいけない

そのテーマは、本当にあなたが
生々しい実体験を語れるものか？

しかし、これらは紛れもなく、有料 note で素人が書いてもお金になる代表的なテーマです。

ポイントは、それが根源的な悩みなのかどうかではなく、「リアルで生々しい体験とそこから生まれた感情」が文章中に内在しているかどうかだからです。

有料 note 記事のテーマとして、具体例として見込みがありそうなものを挙げてみましょう。

例えば、**どんなテーマで書けば普通の一般人が書いた note でもお金になりそうか？** という視点で、20 案ほどアイディアを提示していきます。

自分の身に当てはめると、こういう記事が書けそうかな？ と考えながら、目を通してみてください。

> 個人的な出来事を語るエッセイ
> - 父親との軋轢と、最近になって突然変わった関係性
> - お世話になった先生が亡くなったとき、ふと思い出した高校時代のこと
> - イジメと引きこもりを経験した私が考える、コミュニケーションの本質

悩み苦しみながら何かのスキルを身に付けた経験

- 留学経験なしで海外に飛び出した私の英語習得方法
- 勉強が苦手な人でも楽しく学べる統計学の基礎知識
- 難関大学の受験を突破するまでに私がやったこと
- ベンチプレス200kgを上げられるようになる最短の方法

家族や友人にとても喜ばれた！グルメと料理のノウハウ

- 簡単な材料で誰でも美味しく作れる最強パスタのレシピ公開
- 予算別：とびっきり美味しいのに空いている都内の穴場レストラン20選
- 20回以上通って完成させた、最新版：韓国ソウル市内のカフェマップ

実際に自分の足で手に入れた旅行・観光の現地情報

- ガイドブックに載っていないマイナー観光地でめちゃくちゃ苦労した話
- 夏の暑い日に小さな子連れでもストレスなく楽しめるお出かけスポット
- アウトドア好きが教える、東京から日帰りで行ける快適なキャンプ地

長年の会社員の仕事を通して培ってきた知識と経験
- 営業職としてトップに立つための姿勢と習慣づくり
- 40代後半の転職活動を通して得た、重要な気づき
- 子育てに悩むワーママが実践している時間管理術

膨大な努力の末に体得した、個人的なノウハウ
- 1年間で100冊の本を読破するための私なりの読書術
- おもちゃを使わずに子どもの創造力を育てるスマートな遊び方
- ガーデニング初心者が知っておくべき基礎知識
- 週末DIYで楽しみながら作る、簡単でおしゃれな家具

いかがですか？「HARM の法則に従え」などという大雑把なアドバイスにはほぼ関係がなく、ここに挙げた中にはH・A・R・M のどれにも当たらないものも多く含まれています。

しかし、この 20 案の中にはいずれも、「リアルで生々しい体験とそこから生まれた感情」が内在されていますよね？

人々の悩みから考えるのではなく、過去の実体験から捻り出す

　例えば、これらの案のうち「留学経験なしで海外に飛び出した私の英語習得方法」には、下記のような個人的な感情が含まれていそうです。

- 勢いで海外に来たことを一瞬で後悔した。英語が1秒も聞き取れない。絶望。
- ダメだ。アパートの契約さえまともにできない。相手が何を言っているか全然分からない。
- とりあえず語学学校に通うが、最初の入学手続きの時点でつまずく。先は長い。
- 帰国子女の家に生まれていれば、こんな苦労は……。自分の生まれが憎い。辛い。
- 事件が起きた。たまたま話の流れで、今週の土曜日に金髪美女とデートすることになった。しかし、私は何も話せないし、一体どうすれば……

　もし、こんなnote記事があったら、読みたくなりませんか？ 普通の一般人が書いたものであっても、300円くらいなら払ってもいい気がしませんか？
　というか、普通の一般人が書いたものだからこそ、読みたくなってしまいますよね？

ただ単に、英語の勉強法を知りたいだけなら、本屋さんの「英語学習」コーナーに行けばいくらでも良い参考書が並んでいます。でも、先ほどの一般人の note には、どんなカリスマ英語講師が作った参考書にも書いていない特有の価値があります。

　これが、一次情報が持つパワーです。
　自分自身の体験談を生々しく語るからこそ、その道のプロや、専門家の大学教授にも到底書けやしない、魅力的な独自コンテンツが生まれるのです。

　自分の過去の体験を振り返って、どんなテーマなら書けそうか、じっくりと考えてみましょう。

　そして、需要があるかどうかよく分からない状態であっても、とりあえず書いてみるのが大事です。
　私自身も、note の初期の投稿の頃は、「確実に需要がある」などという自信はありませんでした。試しにトライアルとして書いてみたものに予想していた以上の反響があり、それが自分でもよく分からないうちに、いつの間にか大きな金額を稼ぐに至っていたというのが本音です。

　あなたも、試しにやってみたら、あっと言う前に驚くほどの収益につながるかもしれません。とりあえず、500 文字でも 1,000 文字でもいいから、書いてみましょう。書かないことには何も始まりません。最初の一歩として、テーマ案を 5

つくらい挙げてみるだけでもいいです。

　n=1 の個人的な話に過ぎない、なんて考える必要はありません。「同じような情報は他の人がもう発信しているし……」なんて不安は、一切必要ありません。

　n=1 の個人的な話だからこそ、**他では決して読むことのできない独自の価値**が生まれるのです。情報の内容が似ていても、体験は異なります。自分自身のリアルな体験を語ることこそが、重要な価値になるのです。
　この意味で、成功体験だけではなく、**失敗経験をコンテンツにして売る**のもアリです。他人が持っているリアルな失敗談も、実はみんな気になって仕方がないものですから。

3-4. note は、一次情報さえあれば誰でも書ける

note を売るハードルは、思っているより低い

　いかがでしょうか。何となく自分にも書けそうな気がしてきたのではないでしょうか。
　note で有料記事を売るのに、その分野のプロフェッショナルである必要はありません。なぜなら、note 副業はもともとゴールが低いからです。

お金を出している読者側も、最初から「絶対に間違いのない超有益な情報が欲しい」なんて思ってはいません。もしそう考えていたら、個人の note ではなく、高名な経営者の書籍や、研究所発行の論文などを読んでいるはずです。

素性不明のどこかの誰かが書いた 500 円の記事に対する期待値は、もともと、そこまで高くはないのです。その記事の内容に対して、「まあ、500 円くらいなら出してもいいかな」と思ってもらえれば、それで構いません。

例えるなら、コンビニでちょっとしたスイーツを買うような感覚です。「この買い物は絶対に損はしないはずだ。間違いない。100% 確実に得をするものだ。そうじゃなきゃ、このお金は出せないぞ」なんて強い思いを抱いて、コンビニで小さなイチゴミルクパフェを買う人はいないでしょう。

「何となく、買ってみようかなぁ、500 円だし」程度の話です。そういう人が 100 人いたら、それでも合計 5 万円の売上になります。副業としては十分に成立します。

「いつでもどこでも、スマホで気軽に数百円でポチれる」という note 記事販売のハードルの低さが、普通の一般人の文章をお金に変えるのです。これが、note 副業の醍醐味です。

実は、最近の民間調査では、「他の SNS と比べて note ユーザー層の平均年収は高い」というデータもあります（株式会社リンクアンドパートナーズ「世代別の SNS 利用状況に関する調査」2024 年 3 月）。

つまり、noteを読んでいる人たちは日本人全体の中で比較的お金を持っている層なので、数百円程度なら気軽にポンと出してくれる人が相当な数いると思われます。ちょっと勇気が出てくる情報ですよね。noteで記事を書いてお金を稼ぐって、実はそんなにハードルが高いことではないのです。

ナンバーワンにならなくていい。オンリーワンにもならなくていい。

　さきほど、noteを購入するのは「**コンビニでちょっとしたスイーツを買うような感覚**」と表現しました。このままだと、コンビニスイーツ開発企業各社に対して非常に失礼にあたると思いますので、ちょっとだけ補足します。

　noteを購入する読者側としては、なんとなく気が向いたときにコンビニスイーツを買う感覚に近いのですが、noteで記事を書いて販売する副業側としては、実は、コンビニスイーツを開発して売るよりも10,000,000,000倍くらいは簡単です。

　ちょっと想像してみてください。その辺にあるコンビニエンスストアの店内で、各種デザートが置かれている棚はそんなに広くはありません。同時に置ける商品の数には限りがあります。また、よほどの食いしん坊じゃない限り、一度に2個も3個もスイーツを買うことはないので、必然的に、最終

的に選ばれて購入されるのは1つの商品だけです。

その売り場の中でナンバーワンにならなければ買ってもらえないという熾烈な競争に、スイーツ開発各社は常にさらされています。もし売れ残ってしまえば、大量に在庫が溜まって賞味期限切れになって廃棄され、会社に多大な損失を出した末に、次の商品を作ることはできなくなってしまいます。

note の販売は、これに比べたら、どう考えても遥かに簡単です。

note というプラットフォームには、実に4,300万件以上の記事が過去に投稿されています。場所がインターネット上なので、そこに「売り場面積の制限」はありません。その中でナンバーワンにならずとも、あなたが書いた note 記事は偶然どこかで誰かが見つけてくれて、買ってもらえる可能性は十分あります。

SNS や note などの情報発信をして注目されたい、お金を稼ぎたいと思ったとき、多くの人が「レッドオーシャンは避けよう」「他の人がすでにやっているテーマはやめておこう」と、逃げ腰になります。

しかし、その考え方自体が大きな間違いです。note でお金を稼ぐのに、ナンバーワンになる必要はないですし、オンリーワンになる必要もありません。

note は、「競争に勝てなければ稼げない」世界ではない

「他の誰も書いていないことを書かなきゃダメだ」「競争が激しい分野で投稿しても埋もれてしまって読まれないんじゃないか」などと心配する必要は、まったくないのです。

競合を意識する必要さえ、実はほとんどないと言っていいです。なぜなら、note 記事の購入プロセスとは、「検索ワードで徹底的に探した同テーマの記事 5 本〜 10 本をじっくり見比べて、その中で一番良さそうなものを選んで買う」という世界ではないからです。そういう買い方をしている人は、ほぼいないでしょう。

ちょっと想像してみてほしいのですが、例えば「料理のレシピを知りたい」「筋トレのやり方を知りたい」「旅行先で使えるグッズを知りたい」などと思った場合、あなたは note を開いて検索をかけますか？ そんなことをする人はいませんよね？ 普通は本屋に行くか、Google 検索か、もしくは YouTube です。

「note が買われる瞬間」とは、上記のような購買の流れではなく、「買う予定はなかったけれど、ネット上で目に付いたものが気になって、ついつい買ってしまった」というプロセスだと思います。

この衝動的な「買いたい」というスイッチを押せるかどう

かが勝負所です。それは、競合分析をしたり、ブルーオーシャンを狙ったりしても、ほとんど実現できません。

　note 副業において真に重要なのは、競合＝自分と同じテーマで記事を書いている人が多いか少ないかの問題ではなく、**読者から見て少しでも面白いもの、興味を惹くものを書けるかどうかの問題**です。

　もうちょっと細かく書くと、一般的な note 記事の購入プロセスとは、ざっくり下記のような流れです。

- SNS で流れてきたり、note 画面上で偶然ふと目に留まったりした記事の内容が少しだけ気になって、冒頭部分をちょっと読んでみる
- その記事に書かれている個人的な体験が自分の置かれた状況に近かったり、過去の自分と同じだったりして、なんだか続きを読みたくなる
- 一瞬迷うけれど、「まあ、300 円だし、読んでみてもいいかな。暇つぶしに」と、購入ボタンをクリックし、PayPay で簡単に決済が完了する

　こんな感じで、日々無数の有料記事が売れていきます。まさに、普通の一般人が書いた note 記事が売れるか・売れないかの境界線は、**「その人が語る実体験を、note を通して追体験してみたいと思うか否か」**に尽きます。

　言い換えると、競合が何百人、何千人いたところで、あまり関係がないということです。

noteの購入プロセス

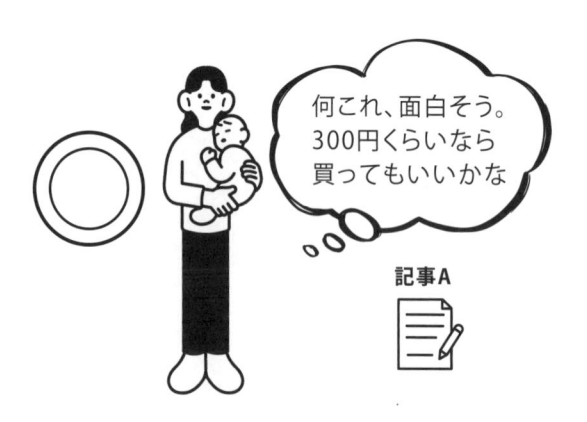

note 記事の購入プロセスは、他の商品とは明らかに異なります。note においては、誰か他の人が書いた有料記事と内容や価格などを徹底的に比較された結果、最も質が高くコスパが良いものが選ばれて買われる、というわけではないのです。

note でお金を稼ぐのに、ナンバーワンになる必要はないし、オンリーワンになる必要もありません。ただその瞬間の「読みたい！」を生み出せるかどうかの勝負です。

私の note が 4 万人以上に読まれている理由

例えば、私の note 記事の中で最も売れている「安斎響市の転職プロジェクト」は、「転職」というまさに**レッドオーシャンのど真ん中を行く執筆テーマ**です。無数の人が同じテーマで情報発信をしたり、ブログや note で記事を書いたりしています。

競合が多いか、少ないかで言えば、めちゃくちゃに多いです。そして、私はその中でナンバーワンではないし、オンリーワンでもありません。

私が書いている「転職を機に年収 1,000 万円を超えた」という経験は、明らかに、日本トップクラスの超エリートというわけではないです。日本全体で見たら平均よりは上かもしれませんが、もっとすごい人はその辺にいくらでもいそうです。ナンバーワンからは程遠いでしょう。

私が書いている転職活動のコツやテクニックも、日本社会で私だけが知っている超極秘情報というわけでは全然ないです。同じようなことを考えている人は他にも多くいるでしょう。私が書いた内容は、どう考えてもオンリーワンではありません。

　それでも、この note 記事は累計 4 万人以上の読者に読まれています。
　普通の一般人が書いた note 記事が売れるか・売れないかの境界線は、「**その人が語る実体験を、note を通して追体験してみたいと思うか否か**」だからです。
　ナンバーワンのずば抜けた実績や、オンリーワンの稀少性があれば売れるという話ではなく、「**そのリアルな体験談を最後まで読みたいかどうか**」が、個人が書いた note にお金を払いたくなる一番の理由なのです。

　note を書くとき、「できるだけ競合が少ないテーマを探す」などのアプローチでは、ほぼ確実に失敗します。そうではなく、**自分が他人に話せる魅力的なエピソードは何か?** という考え方が重要です。
　例えば、喫茶店や居酒屋で友人に「実は、この前さ…」と打ち明けられる話が何かあるか、後輩や兄弟などに「それなら、俺、得意だから教えてあげるよ」と言えるトピックが何かあるか、という視点で考えてみてもよいでしょう。
　これが、この章の中で何度も繰り返し説明してきた「一次情報の価値」です。

3-5. note 記事を書くときの注意点

note の規約をきちんと読んで、ルールを守る

　この章の最後に、note 記事の執筆にとりかかる際の注意点を簡単にまとめていきます。

　まずは基本中の基本ですが、note のサービス利用規約をしっかり事前に読んで、運営方針に反する内容は書かないようにしましょう。

　note は非常にクリーンな会社なので、規約や禁止事項なども法律に則ってきちんと整備されています。**note 社のためというよりは、読者を守るため、クリエイターを守るために存在するルール**だと思っておいた方が良いです。

　とても大事なことなので、note 規約のうち執筆内容に関する箇所を抜粋して掲載します。

禁止事項

　以下に該当するデジタルコンテンツの掲載、メンバーシップにおける投稿その他本サービスにおける情報の送信は禁止します。

1. 盗作、剽窃など、他者の著作権等を侵害しているもの。
2. 上記のほか、他者の財産権、商標権等の知的財産権、肖像権、名誉・プライバシー等を侵害するもの。
3. 詐欺やそのおそれがあるもの。
4. 性的な音声、画像、動画。
5. わいせつ的、暴力的な表現行為、その他過度の不快感を及ぼすおそれのあるもの。
6. 差別につながる民族・宗教・人種・性別・年齢等に関するもの。
7. 自殺、集団自殺、自傷、違法薬物使用、脱法薬物使用等を勧誘・誘発・助長するおそれのあるもの。
8. マルチ商法等、当社がユーザーに不利益をもたらすと判断する情報商材。
9. 株式の銘柄推奨、その他金融商品取引法に抵触するもの。
10. 「必ずもうかる」等、ユーザーに著しい誤解を招く表現を用いたもの。
11. コンピュータウィルスその他有害なコンピューター・プログラムを含むもの。
12. オンラインゲーム等のアカウント、キャラクター、アイテム、通貨および仮想通貨などを譲渡しようとするもの。
13. 不当景品類および不当表示防止法、医薬品、医療機器等の品質、有効性および安全性の確保等に関する法律、ならびに医療法その他の広告に関する法令に違反するもの、またはそのおそれのあるもの。
14. 特定の個人、特定のグループまたは組織になりすますもの。
15. マルチ商法等当社がユーザーに対して不利益をもたらすものであると判断する情報商材の宣伝に直接もしくは間接的に利用するもの。
16. 未成年者を犯罪行為またはそのおそれのある行為に勧誘するもの。
17. 法令に違反するもの。
18. 公序良俗に反するもの。
19. 前各号の内容が掲載されているサイトへのリンクがあるもの。
20. その他、前各号に準じる不適切なもの。

note クリエイター規約「9. 禁止事項」より抜粋

あらためて、特に気を付けないといけないこと

　先ほどの規約の中でも、note で記事を書くクリエイターが特に注意を払うべき内容は、次の4点ほどです。少し噛み砕いて、簡単にまとめておきます。

- 他の人が書いた作品のパクリであったり、無断転載をしたりしてはいけない（引用する場合は、著作権法上の引用ルールをしっかり守る）
- 18 禁のエロ画像を貼ったり、特定グループに対する差別的な内容を書いたり、違法行為を助長するような文章を書いたりしてはいけない
- 「これを読めば誰でも確実に儲かる」「誰でも簡単に 10 キロ痩せる」など誤解を生む表現をしてはいけない
- 「100 部限定で値下げ」と告知しておいて実際には 100 部以上その価格で売っているなど、不当表示につながる行為をしてはいけない

　また、note 公式の規約に含まれるもの以外に、執筆時に細心の注意を払うべきと私が考える内容をもう2点だけ挙げておきます。参考にしてみてください。

- 会社員の仕事で得た知識をそのまま note に書くのは、やめた方が良い
- 注目を浴びる狙いで、過激な内容を記事にするのは、やめた方が良い

一つ目は、いわゆる**機密情報の漏洩にならないように気を付ける**ということです。こう書くと、ほとんどの人は「そんなの知っているよ」と思うかもしれません。

　しかし、問題なのが、**本人が無意識のうちにいつの間にかやってしまっているケース**です。

　「自分の過去の実体験を記事にする」という出発点で執筆テーマを考えていくと、会社員として仕事の中で学んだことや、業務上で得た知識をコンテンツにしようと思う人もいるでしょう。

　例えば、「営業職として一番大事にしている習慣」「デザイナーが教える、誰でもすぐに真似できる色遣いのコツ」などであれば内容的に問題はありません。

　一方で、特定の取引先や、非公開プロジェクトの内容、企業内部で保持されているノウハウなどに触れた内容は、**自分では良いと思っていても、会社側から見て違法行為だと言われる**こともあります。最悪の場合、裁判沙汰になって損害賠償を請求されてしまうので、事前に気を付けておきましょう。

　二つ目が、炎上狙いで過激な記事を書かないことです。

　SNSでもそうですが、過激なことを書けば書くほど、インターネット上での注目は集めやすいものです。例えば、誰か特定人物の暴露話や痛烈な批判、命の危険を伴うような行為、大手企業などに喧嘩を売る迷惑行為、職業差別と受け止めら

れかねない内容などは、すべて NG です。

　こちらも、**アウトかセーフかを判断するのは自分ではなく読者である**、というのが重要です。note の場合、中身を全部読まずにタイトルだけで判断して「問題だ！」と大騒ぎするような人さえいます。インターネットの世界には「炎上」が大好きな人たちがたくさんいて、ちょっとでも何か落ち度があれば、寄ってたかって不特定多数の人たちから攻撃されます。

　もちろん、そういう炎上に乗っかる下品な人たちにも問題の一端はあるのですが、自分でできる事前の注意によって「炎上の火種を作らない」に越したことはありません。

　note 社は 2024 年 4 月に弁護士ドットコムとの提携を発表しており、トラブルがあった際にスムーズに弁護士に相談できる窓口設置などを検討しているそうです。このような note 運営側のクリエイターサポートの仕組みも、必要に応じて頼ってみましょう。

書けない、と思ったら

　この章では、note 記事に何を書くべきかという WHAT の部分を丁寧に説明してきました。その核となるのは、リアルで生々しい実体験から来る強烈なストーリーです。

この本を読み進めながら、実際に原稿の下書きを書いてみるのも良いでしょう。「書いてみようかな」というやる気が少しでもあるうちに1文字目を書き始めるのが重要です。

　あくまで一般人が書くnote記事の話なので、プロの小説家が書くような興奮と読み応えのある高度な文章は必要ありません。必要なのは、**文章の巧さというより、ストーリーの生々しさ**です。むしろ、文章が上手過ぎない方が、親近感が湧いて良いと言えるかもしれません。

　それでも、「書けない」「何を書いていいか分からない」と悩んでしまう人もいるかもしれません。

　最初からスラスラ書ける人はいません。私も、最初の頃に書いた文章を今見返すと、下手くそすぎてあまりにも恥ずかしくて、記事の公開を停止したくなります。

　ただ、逆に言えば、それは「自分の文章力がその頃と比べて格段に上がっている」という成長の証でもあります。

　何事も、初心者がいきなり100点を叩き出すことはありません。文章に関しては、特にそうだと思います。**大事なのは、現時点では60点の出来でもいいから、とにかく世の中に出すことです。**

　出してみたら、意外なほどに高い評価を受けるかもしれません。その文章に最終的な点数を付けるのは、自分ではなく読者なのだから。

本書第4章では、note 初心者が完全ゼロベースの状態から無料記事 ⇒ 有料記事と書き進めていって、月に数万円を稼げるようになるまでの具体的なステップについて、さらに詳細を解説していきます。

その後、第5章では、note で多くの人に読まれる文章の書き方について、細かいテクニックを解説してきます。それらを読んで一つずつ実践していけば、きっと、徐々に魅力的な文章を書けるようになっていくはずです。

この章のまとめ

副業の第一歩は「何を売るか」

note で成功するためには、売る商品やサービスの「何」を決めることが最重要。

購買行動は「欲しい」と思わせることが前提であり、興味を引かない商品はどんなに工夫しても売れない。

情報の希少性は重要ではない

誰も知らない情報やアイディアは非常に少ない。多くの人が持っている情報でも、お金を稼ぐことは可能。

実体験を基にした一次情報が重要。自身の体験や感情をリアルに伝えることで、読者の共感や興味を引き、note 記事

の価値を生み出す。

「誰が言うか」が大事

　情報の内容そのものよりも、それを「誰が言うか」が重要。

　読者は情報そのものではなく、その情報に込められたストーリーや感情に価値を見出す。

競争に勝つ必要はない

　note で成功するためには、ナンバーワンやオンリーワンになる必要はない。

　note 記事を通して、「他人の体験を追体験したい」と思わせることが、note で稼ぐための鍵。

規約を守る

　note の規約をよく読み、他者の著作権侵害や誤解を招く表現を避ける。

　自社の企業秘密を売ったり、炎上狙いの過激な記事を書いたりする行為は控える。

note記事を売るための
3つのステップ

4-1. note 記事を「どう書くべきか」

WHAT が一番大事だが、HOW が伴わなければ失敗する

あらためて、普通の一般人や会社員が note 副業でお金を稼げるようになるための**「最短の手順」**とは、下記のようなプロセスです。

1. 自分の過去の「実体験」をコンテンツにまとめる
2. 試験的に「無料記事」を書いて、需要の有無を見極める
3. 「9 割無料」の記事を書いて、最後の 1 割のオマケ部分だけを低単価で売る
4. 「1 割だけ無料」の有料記事を書いて、単価を上げて売る
5. いくつかのトピックで、4 の記事販売を繰り返す

このうち、1 の「何を書くべきか」、WHAT の部分はすでに第 3 章で詳しく解説してきました。書くべきテーマやトピックの選び方、考え方については、ある程度ピンと来ている方も多いことと思います。

ただ、その後に出てくる大きな課題は、**「どう書くべきか」**という、よりテクニカルな HOW の部分です。上記 2~5 のプロセスを上手く回すことができないと、いくらテーマ選定が良くても、実際にお金を稼げるようにはなりません。

先ほど、第 3 章の冒頭では、note 副業で最も大事なのは

WHAT の部分であると書きました。WHAT = note 記事のコンテンツに内在する「実体験から来るリアルで生々しいストーリー」が、その記事の核となるものだからです。

　一方で、「内容が良ければ必ず売れる」とは言えません。流石に、お金を稼ぐのはそんなに甘くないです。良い内容を書けたとしても、**それを読者に届け、購入ボタンを押してもらうまでの導線**がきちんとできていないと、「とても良い記事を書けたなぁ」で終わりになってしまいます。
　質の良い記事を書くことと、それをお金に変えることは、やや異なる種類の努力なのです。その両方を同時に実現できないといけません。

　とはいえ、note には、あなたの記事を売って来てくれる営業マンがいるわけでもありませんし、購入決定を後押ししてくれるようなお役立ち機能もほとんどありません。
　（まったくないわけではないのですが、現実的に言って、初心者でも使える効果的な手段はあまりないです）
　つまり、あなたが書く「記事」自体に、営業やプロモーションをしてもらうしかありません。note 記事それ自体が商品であり、営業マンであり、広告塔となるのです。

　ここからの第4章では、note 記事を「どう書くべきか」という視点で、有料 note が売れていく仕組みの作り方を説明していきます。

どこの誰かも分からない人に、最初からお金を出す人はいない。

あなたは普段、牛乳やトマト、ニンジンなどを買うとき、どこで買いますか？ 近所のスーパーマーケット？ コンビニ？ 市場？ 最近流行りのネットスーパー？ 人によって多少は異なると思います。

突然、「安斎」と名乗る謎の人物が、「この牛乳は120円です」と話しかけてきます。

「え？ あなたは牛乳屋さんなんですか？」と聞くと、「この牛乳は120円です」と同じことを繰り返すだけです。牛乳は1リットルのパックですが、どこの会社のロゴも付いておらず、なんだか手作り感あふれるパッケージです。120円という価格は、普通のスーパーで買うより安いですが……。

あなたは、この牛乳を買いますか？

「買います！」と元気よく答えたそこのあなた。あまりにも純粋すぎます。変な人に騙されないように気を付けてくださいね。

「買わない」と答えたあなた。そうですよね。普通は買いません。

何も言わずにその場を立ち去ったあなた。一番正しい行動です。ついでに、挙動不審な変質者がいると警察に通報した

方が良いかもしれません。

　何が言いたいかというと、**どこの誰かも分からない人に、最初からお金を出す人はいない**ということです。

　企業のビジネスと同じです。よく知らないお店で、一度も聞いたことのないブランドの、見栄えも悪い商品を買おうとは思いませんよね。怪しいものには基本的に手を出しません。

　だって、嫌ですよね？　謎の人物が「**この牛乳は 120 円です**」とだけ言って路上で売っている牛乳なんて、買う人は恐らくいません。なんだか、一口目でお腹を壊しそうです。

無料お試し ⇒ 有料パートへの誘導というフックを作る

　この話には、続きがあります。
　もう少しだけ、お付き合いください。

　さあ、路上で牛乳を売っていた「安斎さん」という人が、もし仮に、**東北で有名な「安斎めんこい牧場」のオーナー**だったとしたら、どうでしょう。

　目の前のその人が「**安斎めんこい牧場 支配人**」という肩書の名刺を取り出し、「実はそこの百貨店の地下 1F で、新作のイチゴヨーグルトの試食会をやってるんで、もしよかったら見てってください」と言って深々と頭を下げ、**無料引換券**をくれたら、どうしますか？

「まあ、大手百貨店のデパ地下で売っているもんなら、変なものではないだろうな。無料らしいし、1個もらってみようか」という行動につながる人が出てくるのではないでしょうか。全員じゃないとしても、何割かはいそうです。

　そして、その無料引換券で試食してみたヨーグルトが美味い！ とにかく美味い！ なんというか優しくて懐かしい味で、妻と息子にも食べさせたくなってしまった。

　こうして、あなたはイチゴヨーグルト2個、りんごヨーグルト1個、さらには牛乳プリン3個まで買って、百貨店のデパ地下を後にします。ほんの15分前まで、そんなものはまったく買うつもりなかったというのに。

　簡単に言ってしまうと、この一連の状況をnote上で再現できればいいのです。第1章でちょっとだけ触れた「フリーミアム」の考え方です。

　そして、この最初の「無料お試し」は、無料なら何でもいいというわけではない、というのが重要なポイントです。

　話をちょっとだけ過去に戻しましょう。

　最初に路上で「この牛乳は120円です」と言われたとき、あなたはまだ、安斎さんが牧場のオーナーであることを知りません。

　この状態で、仮に「120円払ってくれないんだったら、今だけ無料でいいよ、どうぞ！」と言われたとしても、あなたはその牛乳を飲むことはないですよね。むしろ、無料の方が余計に怪しいですよね。絶対に口を付けたくないです。

無料お試し ⇒ 有料商品への誘導というフリーミアムの仕組みは、ただ単に「無料バージョン」を提供すればそれで成立するわけではありません。この無料 ⇒ 有料への導線の作り方をきちんと理解する必要があります。

　もう一度、復習です。フリーミアムの仕組みを note 上で再現するために前提となるのが、**下記の 4 つの要素**です。

- 「無料部分」だけでも十分な価値と説得力があること
- 「有料部分を読みたい」という期待が伝わること
- 「無料」⇒「有料」への導線がスムーズであること
- 「有料でも読む価値のある記事だった」という満足感があること

無料というだけでは、ほとんど読んでもらえない

　無料というだけで「欲しい！」とは、誰も思いません。
　もともと「欲しくないもの」は、半額でも、無料でも「欲しくない」ままです。

　例えば、路上で配布されている謎の牛乳。
　見たこともない、ヘンテコで不細工なキャラクターの奇妙なグッズ。
　自称ミュージシャンという酔っ払いが手渡してきた手作り CD アルバム。

近所のおじいちゃんが今度開くという、自己啓発セミナーの特別招待状。

　インターネット上で売られている、どこの誰が書いたのかもよく分からない謎の文章。

　そんなものは、無料だろうが有料だろうが、誰も要らないのです。

　例えば、あなたが、スターバックスで店員さんから渡された試飲用の小さなコーヒーを受け取るのは、それが「スタバのコーヒーだから」ですよね。

　あなたが、駅前で配っているティッシュをたまにもらってもいいかなと思うのは、それが「ティッシュペーパーだから」ですよね。

　それが「無料」かつ「役に立つもの」「安心して使えるもの」と知っているから、無料ならうれしいな、欲しいな、という気持ちになるのでしょう。そうでなければ、仮に無料であろうと、それに興味を持つことはありません。

　欲しくないものは、「無料です」と言われても別に欲しくないのです。

　これが、最初のポイントです。

- 「無料部分」だけでも十分な価値と説得力があること

「無料である」というだけでは不十分で、無料のものに対

しても「これは面白そうだから読んでみよう」という気持ちがどこかで生じないと、結局は 1 行も読んでもらえません。

　無料記事でのお試しから、有料記事販売につなげる過程においては、実は 2 つの大きなハードルがあります。

　1 つ目のハードル：
- 謎の人物「安斎」が無料配布する牛乳は、誰にも飲んでもらえない
- 百貨店のデパ地下で無料引換券でもらったヨーグルトだったら、一応食べてもらえる

　2 つ目のハードル：
- 無料のヨーグルトが不味かった場合は、そのまま 1 円の利益にもならない
- 無料のヨーグルトが美味しかった場合は、他のものも買って帰ってもらえる

無料お試しの2つのハードル

1. 無料部分を試してもらう
までのハードル

2. 無料部分だけでもある程度
満足してもらうハードル

4-2. 最初は無料公開で、読者の反応と需要を確認する

読んでもらえる無料記事とは、どのようなものか？

　note はプラットフォーム自体に集客力があるので、頑張って宣伝をしなくても多くの人に読んでもらえる可能性があるという話を、第2章でしました。

　しかし、当然ながら、価値のないものは読まれません。もちろん、文章の価値は読んでみないと分からないので、1文字も読む前の時点ですでに価値を求められるのはやや酷なことではありますが、そういうものなので仕方がありません。

　その文章に真の意味でどの程度の価値があるかというよりは、「この記事は読む価値がありそうだな」と、読者にほんの少しでも思ってもらえれば、この時点では OK です。

　これが、先ほどの牛乳屋さんの例でいう「百貨店のデパ地下で売っているんなら、たぶん良いものなんだろう」という説得力です。多少なりとも期待値と説得力があれば、「無料なら一応試してみようかな」と一定数の人に思ってもらえます。

　では、「読んでもらえる無料記事」とは、具体的にどのように作ったら良いのでしょう。

誰でもできる、2つの工夫

　私たちにとって、「無料記事を1文字も読まれていない状態」でも現実的にできそうな工夫は、主に下記の2つしかありません。
- 記事のタイトルを工夫する
- ハッシュタグを4つ程度選んで付ける

　この2つだけでいいです。それ以外は、下手にやると逆効果になります。初心者はあまり闇雲に手を出さない方が良いです。

　逆に、多くの人がやってしまいがちな失敗例が、次の3つです。
- 記事のサムネイル画像を作りこむ
- note の応募企画 / コンテストなどに乗っかる
- 他の人の note 記事に「スキ」「フォロー」周りをする

　こちらの「悪い例」については、詳しくは後述します。

読まれる記事タイトルの付け方

　先ほど挙げた2つのポイント、まず1つ目は「記事のタイトルを工夫する」です。

いくら選んだテーマが良くても、無料でも、それだけでは記事はあまり読まれません。読みたくなる何らかの要素が必要です。

　そのために最も重要なのは、記事のタイトルです。記事を読む前に読者に伝えられる数少ない情報の一つですし、言うまでもなく、読者にとっては「読む価値がある記事かどうか」を予想するための最大の手がかりです。

　このとき、注意しないといけないのが、**よくあるブログ記事のタイトルの付け方などを意識すると、高確率で失敗する**ということです。

　例えば、ブログ記事のタイトルとして代表的なのは、このようなものです。

- 「転職成功の秘訣：理想のキャリアを築くための5つのステップ」
- 「キャリアアップのための転職術：あなたの市場価値を最大化する方法」
- 「転職活動で避けるべき5つの落とし穴と成功のコツ」
- 「未来の働き方：AI時代に必要なスキルとキャリア戦略」
- 「転職面接の極意：面接官を魅了する答え方と準備法」

　これらのタイトル例は、Google検索順位を意識したブログではある程度有効ですが、noteではまったく効果がありません。

こういう「どこかで見たことある」既視感のある記事を、わざわざ note で読みたい人はいないからです。

　先ほどと同じ「転職」「キャリア」「働き方」をテーマにした無料記事で、私の note 上で過去最も多くのアクセスを獲得したもののタイトルを、参考までに挙げておきます。

- 「大企業事件簿① オッパブはコミュニケーション」
- 「日系大手企業は 30 歳までに退職するべき、たった 1 つの理由」
- 「自分の過去を活かすことでしか、キャリアの未来は拓けない。」
- 「他人は、変えられない。」
- 「1 週間、沖縄で働いてみて思ったこと」

　先ほどの例とは、全然ちがいますよね。
　たぶん、これらの記事タイトルは、個人ブログで書いたとしても Google にはまったく好かれず、検索上位には上がってきません。
　しかし、読者にはかなり好かれています。note においては、シンプルに、読者がそのページを開きたくなるかどうかが重要なのです。

　例えば、「他人は、変えられない。」は、めちゃくちゃシンプルでストレートなタイトルですが、多くの人に読まれ続けています。なんだか読みたくなる絶妙な響きなのでしょう。

無料記事のタイトル例

大企業事件簿① オッパブはコミュニケーション

♡ 284

安斎 響市 @転職デビル
2020年1月5日 17:24

その日は、水曜日だった。

27歳の冬。初めての転職で入社した大手企業での、配属初日。私には
もったいないと思うくらいの、日本を代表する超有名企業。

小さな居酒屋で、部署の先輩数人で開いてくれた、私のプチ歓迎会。先
輩たちはみんな良い人で、楽しい夜は徐々に更けていった。

「1週間、沖縄で働いてみて思ったこと」は、タイトルか
ら読み取れる情報は少ないのですが、もしかしてワーケー
ション？ 沖縄移住計画？ などと想像を掻き立てる妙な魅力
があります。南国の風に惹かれる人が多いのかもしれません。

そして、無料記事アクセス数、歴代ダントツトップの「大
企業事件簿① オッパブはコミュニケーション」は、私が執
筆開始初期の頃に書いたnote記事で、過去最高傑作のひと

つです。現在でも、note 上で無料で公開しています。

　恐らく、この本の読者のうち、一定数の人はこれから、note 画面を開いてこの記事を読むでしょう。だって、気になっちゃいますからね。「大企業事件簿① オッパブはコミュニケーション」って一体何なんだよ、どういうことだよ、って。

　こういう「読みたくなるタイトル」を付けるのが重要なのです。

ハッシュタグを有効活用しよう

　2つ目のポイントは、「ハッシュタグを4つ程度選んで付ける」です。

　かなり地味な努力ではあるのですが、note のサイト内での回遊 ＝ 他の人が書いた同テーマの記事からの流入を狙うには、これが一番効果的です。

　note 記事の公開設定の画面には「ハッシュタグ」の項目があり、ここでキーワード検索したハッシュタグをいくつでも付けることができます。

　ただ、あまりたくさん付けすぎると、一体何の記事なのかよく分からなくなって逆効果なので、きちんと「記事の内容と親和性のあるもの」「同じハッシュタグでの投稿数の多いもの」「厳選した4つ程度」にするのがオススメです。

これを付けておくと、同じハッシュタグの記事からの流入が期待できるようになります。

　例えば、note を読んでいると、よく読む傾向の記事と同じジャンル・ハッシュタグの記事一覧が note トップ画面に自動表示されます。この仕組みによって、自然とそのトピックに興味のあるユーザーが、自分が書いた記事を見に来てくれる可能性があります。

　それだけではなく、他のクリエイターが書いた記事からの流入もあります。私の note での発信テーマは「転職」「働き方」「副業」などですが、ハッシュタグ # 転職 # 転職活動 # 面接対策 などの私の記事からは、**他の人が書いた同ハッシュタグの記事へのリンクが自動生成され、「おすすめ」として表示される**可能性があります。

　いわゆる、通販サイトなどで「この商品を買った人は、こちらの商品も買っています」という表示と似たような、関連商品へのリンクです。

　もちろん、これらの記事リンク生成の仕組みは、ハッシュタグだけではなく、記事タイトルやユーザー属性など色々な要素によって複雑に決まっていると考えられるので、ハッシュタグを付ければ紹介してもらえるというわけではありません。

　ただ、このいわば「note 上の SEO」のためにクリエイター

個人が現実的にコントロールできる要素が「記事タイトル」「ハッシュタグ」くらいしかないので、やれることは一応やっておこうというのが趣旨になります。

人気クリエイターだけが「おすすめ」に載るわけではない

ちなみに、私の note の一番人気記事「安斎響市の転職プロジェクト」を最後まで読んでいくと、読み終わった後に「こちらもおすすめ」というリンクがあり、私以外の多くの note クリエイターの方々の note 記事が貼ってあります。やはり、私と同じ「転職」系統の記事が圧倒的に多いです。

そして、驚くべきことに、私の note 記事の最後にリンクを貼られている方々、ほとんどがフォロワー 30 人以下くらいの初心者の方なんですよね。中には、フォロワー 1 人で記事が 2 つしかない人などもいました。

これは恐らく、**note 社の「新しいクリエイターを読者に見つけてもらおう」という努力の賜物**です。

私は現在、note フォロワーが 1 万 2,000 人以上います。X (旧 Twitter) のフォロワーは 5 万人以上います。今をときめくスーパーアイドルではないものの、一般的に言えば、そこそこ多い方でしょう。

そこから、note 記事のオススメをたどっていくと「フォロワー 1 人の初心者」に行き着くのです。素晴らしいですね。

note は、強者だけがひたすら勝ち続ける弱肉強食のゲームではなく、一人でも多くのクリエイターがコンテンツをユーザーに届けられるように、見えないところに様々な工夫が凝らされているのです。

　もちろん、私自身も、このような恩恵を受けて少しずつフォロワーを増やし、定期的に読者の方々に記事を読んでもらえるようになりました。

　note は、数々の著名有名人の方々も発信をしているので、単純に「人気のある人の勝ち」だったら、勝負になりません。例えば、アメーバブログなどのランキングに一般人が食い込むのは不可能でしょう。note の「あえてフォロワー数や記事アクセス数のランキングを公開しない」という姿勢には、真のクリエイター支援精神を感じます。

フォロワーは何人いればいいのか？

　フォロワーの話をしたので、その話を少し書いておきましょう。

　他の SNS と同様、note にも「フォロー」の仕組みがあります。Instagram や X（旧 Twitter）などと同じように、投稿を継続的に見たい人のことを個人的にフォローして追いかける、というお馴染みの話です。

　ただ、正直に言うと、「note 上のフォロワー数を増やそ

とする行為」はほとんど意味がないと私は考えています。

　もちろん、フォロワーが増えたら多少は嬉しいですし、過去の記事を読んでくれた方が、新しい記事を見つけてくれる可能性は増えるので、一定のプラスの効果はあります。しかし、だからといって、「フォロワーを増やすために努力をする」という方向で行動をしてしまうと、結果として note でお金を稼げるようにはなりません。

　この本のテーマは、note による副業です。フォロワーがいくら増えたところで、自分が書いた有料 note を買ってもらえなければ、あまり意味がありません。

　note 以外の、他の SNS でのフォロワー獲得も同じです。SNS フォロワーはどちらかと言えば多い方が良いのですが、別に「多ければ多いほど良い」わけではないですし、フォロワーが多ければ note で稼げるとも限りません。本当です。

　実際、フォロワーは私よりもずっとたくさんいるのに、note では全然お金を稼げない人も結構います。

　大事なのは、「自分の記事にお金を出して買ってくれる人の数」であって、「フォロワー数」ではありません。

4-3. note 記事を読んでもらえない人の失敗例

意味のない努力をすると、逆に記事は読まれなくなってしまう

　さきほど挙げた、note 記事を読んでもらおうと努力しても成果が出ない失敗例、3 項目についても一応説明しておきましょう。

- 記事のサムネイル画像を作りこむ
- note の応募企画 / コンテストなどに乗っかる
- 他の人の note に「スキ」「フォロー」周りをする

　残酷な話なのですが、こういうことをやると、プラスどころかマイナスで記事がどんどん読まれなくなってしまいます。読者が離れていくということです。

　一つずつ、理由を説明しましょう。

サムネイルを凝って作っても、あまり意味がない

　1 つ目、「記事のサムネイルを作りこむ」のは、実は意味がないです。

　note 記事のサムネイル設定方法は、3 種類あります。

1. 設定しない（SNS シェア等の際には note デフォルト
   のシンプルなサムネイルが表示される）
2. 「みんなのフォトギャラリー」から画像を選ぶ
3. 自分でアップロードしたオリジナル画像を使用する

このうち、一番読まれやすいのが 2、一番ダメなのが 3 で
す。note 執筆初心者の場合は特にその傾向が強いでしょう。

意外に思うかもしれませんが、**「3」で一生懸命サムネイ
ル画像を作りこめば作りこむほど、余計な情報が増えてアク
セス数が減ります。**典型的な失敗例が、まるで本の表紙のよ
うに画像内にキャッチコピーなどを入れまくる行為です。こ
れは最悪です。

そういうのは、もう note の外で散々見ていて既視感があ
るので、読者からは全然面白そうに見えないのです。

2 の「みんなのフォトギャラリー」とは、note の一般ユー
ザー / クリエイターが自由に投稿している画像のデータベー
スで、簡単に言うと、note 公式が「ここにある画像は記事
のサムネイルに自由に使っていいよ」と提供してくれている
ものです。

この「みんなのフォトギャラリー」がなかなか素晴らしく、
どんなテーマでも素敵な写真やイラストが見つかりますし、
クオリティも高いです。

まさに、多くの人が実体験を書く note のイメージに相応しい「エモい」画像も多くあるので、選びやすいです。結局は、こういう画像を使った方が、自分でゴチャゴチャ画像を作りこむよりほとんどの場合は上手くいきます。

デザインのセンスや画像編集スキルによほどの自信がある人以外は、「みんなのフォトギャラリー」から好みの画像を選びましょう。

サムネイルにこだわって色々と手間暇かけて作りこむよりは、ストレートに「記事の内容に合ったシンプルな画像をサムネイルに選ぶ」のが必勝法だと私は考えています。あとは、サムネイル画像よりも記事タイトルの付け方の勝負ですね。

note の公募企画に乗っかるのは、本当にそのテーマで書いたときだけ

「note で稼ぐ方法」を教えている人の中には、「公募企画に乗っかれ」というアドバイスをしている例が少なくないです。

この方法は、短期的にアクセス数を集めるには手っ取り早いものの、副業でお金を稼ぐ視点ではまったく意味がないので、私はお勧めしません。

note の応募企画とは、note 公式や、そのスポンサー企業が募集している「一般公募コンテスト」のようなものです。

毎年春〜夏頃に募集している「note 創作大賞」は今や日本最大級の公募コンテストですし、スポンサーにも名だたる有名企業が名を連ねているため、拡散力もあります。

　そのほかにも、特定のテーマで記事を募集し、良い記事は表彰されて賞金などが贈呈される、いわゆる「作品コンクール」のような企画が随時開催されています。

　この企画への参加方法は、たいていが「指定のハッシュタグを付けて note 記事を投稿する」というもので、簡単に誰でもできます。公募企画の特集ページなどに記事のリンクが貼られるため、フォロワーが少ない人でも記事が注目されやすくなるというメリットがあります。

　しかしながら、**このルートで記事を読んでくれるのは、あくまで「公募コンテストが気になって見に来た人」**です。はっきり言って、公募で表彰を受けたりしない限り、このページ経由で自分のフォロワーが増える可能性は低いですし、ましてや、有料記事を買ってくれるファンが増える可能性はほとんどゼロです。

　「公募コンテスト」経由でアクセスを増やしたところで、一時的なものに過ぎず、ほとんど価値はないということです。

　もちろん、企画趣旨に心から共感して、応募してみたいと思った場合は、応募するのが良いと思います。私も、たまに応募することがあります。

他の人の note に「スキ」「フォロー」周りをしても、効果は薄い

最後の 3 つ目。自分の note を読んでもらうために、他の人の note に「スキ」「フォロー」周りをする人がいます。

自分から大量の人をフォローしたり、手当たり次第に他人の記事に「スキ」(note 上での「いいね」「Good ボタン」に当たるもの) を付けて回ったりする人が、実際にたくさんいます。

これは、相互フォロー(自分がフォローしたら相手もフォロー返ししてくれる) 目的や、「スキ」されるとやはり嬉しいので相手のことも「どんな人だろう？」と見に行ってしまう、という返報性の原理を狙っているのだと思います。

しかし、この行動も、一時的にアクセスが増えるだけで、**副業という視点ではほぼ意味がありません**。有料記事を売ってお金を稼ぐという視点でいえば、ほとんど価値がないです。

そんなことをしている暇があるのなら、少しでも**「質の良い記事を書くための努力」**をした方がずっと建設的です。せっかく note の運営側が、「良い文章を書く」以外の努力をしなくても済むように note という舞台を整えてくれているのだから、それに素直に従った方が絶対に良いです。小手先のテクニックをいくら繰り返しても、本質的な意味はありません。

4-4. 有料記事販売までの最後のステップ

無料記事で、需要の有無を見極める

　いよいよ、**有料記事の販売**に入っていきます。

　本書で紹介する「単体記事を有料で売って月 5 万円稼ぐ」という目標達成の方法でいうと、これが最終ステップです。

　有料記事を書く前の仕込み段階として大事なのが、**まずは無料記事で読者の反応を見る**ことです。ここまで丁寧に説明してきた、無料記事 ⇒ 有料記事への誘導のフックを作る作業ですね。まずは無料記事で、読者に自分の文章を読んでもらうところまで持っていくのが大事です。

　ただし、これは単に「無料記事をお試しで読んでもらう」ということではありません。

　もう一歩進んで、「無料記事のアクセス数を見てテーマの需要有無を分析する」「無料記事を数種類公開して比較し、一番良いものをベースにして有料記事を書く」という努力が非常に大事です。

無料記事でも、きちんと作り込めばアクセスは期待できる

　無料記事を頑張って仕上げ、タイトルやハッシュタグをき

ちんと工夫したうえで公開すれば、一定数の読者は読んでくれるはずです。

　第2章にも書きましたが、私が初めて書いた無料記事は、公開から数日で数百人に読まれ、「スキ」もある程度は付きました。当時、note のフォロワーはゼロ人で、SNS フォロワーもゼロ人、身内や友人を含めて誰にも記事のリンクを送ったりはしていないにも関わらず、です。

　note で記事を書いてもなかなか読んでもらえない、と悩んでいる人。大丈夫です。この本で紹介している、タイトルの付け方の工夫や、ハッシュタグの活用を上手くすることができれば、自然と一定数の読者は付くはずです。
　それができたら、各記事のアクセス数や「スキ」の数を確認して、どの程度の需要があるか大体のイメージを付けましょう。複数の異なるトピックで記事を書いて、比較をするのが大事です。

　もちろん、自分に書けない内容を無理やり捻り出しても意味はないので、**実体験をリアルに語れるテーマを選ぶのは必須条件**ですが、人それぞれ、これまでの人生の中で実体験を語れるトピックはたったの1つ、2つではないはずです。
　少しでも書けそうだと思ったら、試しに書いて、無料記事を出してみるのが良いです。リアルタイムで、どの程度の人が見ているのか分かるのが note の良さでもあるのだから。

例えば、私が有料記事を書く前に、トライアルで書いて無料公開していた記事は、下記の4つです。

- 「私たちは、もう『英語から逃げられない』世代。」
- 「日系大手企業は30歳までに退職するべき、たった1つの理由」
- 「差別をしているのは誰か？」
- 「大企業事件簿① オッパブはコミュニケーション」

この頃は、まだ収益化できるのかどうかも半信半疑なまま、割とざっくばらんに書いているので、「ジェンダー論と格差社会」という現在と全然ちがうテーマでも一つ記事を書いています。何事も実験なので、やってみないと分かりません。
　そして、私の予想に反して、「英語学習の話」はあまり読者からの人気がなく、それよりも「大企業からの転職」というテーマの方がずっと多くの人に読まれるという事実が分かりました。

　当初は、英語をテーマに発信をしようと考えていた私ですが、数字は残酷です。ほとんど誰も読まない英語の話よりは、大企業の働き方、20代〜30代のキャリア、転職活動などについて書いた方が多くの人に注目してもらえるんだな、ということを思い知りました。

　その末に、完成したのが、最初の有料記事です。

- 【外資系転職】LinkedIn（リンクトイン）を転職に 100% 活用する方法

　この頃はまだ、英語に対する執着心を捨てきれずにいました。LinkedIn（リンクトイン）は基本的に英語話者が使うツールで、この記事の中には英語習得の重要性の話も含まれています。

　そのくらい、英語に対する思い入れのあった私ですが、この最初の有料記事が結構売れたことで、本格的に「転職」をテーマに記事を書くようになっていきます。

「9 割無料」記事をトライアルで書いてみる

　先ほどの有料記事ですが、実は、「有料」と言いつつ、記事のほとんどすべてを無料公開しています。

- 【外資系転職】LinkedIn（リンクトイン）を転職に 100% 活用する方法

　note は、記事を書いた後で「ここまでの段落は無料」「ここから先は有料」という設定ができるので、運用によっては「9 割無料で最後のオマケだけ有料」という売り方もできますし、極端な話、「最後の行まで全部部無料で読めるけど、もしお金を払いたかったら払ってね」という売り方もできます。

全部無料の有料記事って一体何の意味があるの？　と思う人もいるかもしれませんが、いわゆる、「投げ銭」でお金を稼ぐときの公開方法です。note には「サポート」という投げ銭機能があるのですが、「サポート」とは何を指すのか非常に分かりづらく、多くの人は「投げ銭ができる」ということに気づいてさえいないので、このように「有料記事設定だけど全文無料公開」という扱いで記事を書くクリエイターも一定数います。

　私が特にオススメするのが、最初に書く有料記事を「9 割無料」で公開するという方法です。

　記事の冒頭にちゃんと「有料記事ですが、9 割は無料で読めます」と注意書きをしておくと、多くの人は試し読みしてくれます。

　やはり、300 円や 500 円程度であっても、「有料」というだけで読むのをやめる人は一定数います。そういう人たちの心理的なバリアを外してあげるために、「9 割無料」という手法を使うのです。そのために、きちんと「**ほぼ無料で読めること**」を冒頭に明記してください。

　そして、ここで最も大事なのは、「9 割無料の有料記事」と言いつつ、無料部分だけでも十分読む価値のある内容にすることです。

　肝心の核心部分を有料パートに隠したり、無料パートだけ

だと読む価値がないような文章を書いてはいけません。絶対にダメです。

　無料パートだけでも「面白い」「勉強になる」と思ってもらえるからこそ、その先の有料パートも読みたいという期待が生まれるのです。

　ここまで何度か紹介している、無料お試し ⇒ 有料商品へ誘導の仕組みのために必要な 4 つの要素を思い出してください。

- 「無料部分」だけでも十分な価値と説得力があること
- 「有料部分を読みたい」という期待が伝わること
- 「無料」⇒「有料」への導線がスムーズであること
- 「有料でも読む価値のある記事だった」という満足感があること

　まずは、**無料記事を読みたくなるための引きを**、タイトルとハッシュタグで作ります。

　かつ、**無料パートだけでも満足できるクオリティで**、しっかりと文章を書きます。

　そして、もしかして有料パートはもっとすごいのでは…という期待を生じさせるのが重要です。

　最後に、その一回限りの購入で読者が離れていくことなく、長期的にファンになってもらうために最も大切なのが、**有料パートまで全部読んだうえで「お金を出して良かった」**と思

われるような完成度を実現することです。

　なんだか、こう書くとちょっと難しそうですが、私も今だから過去を振り返って偉そうに言えるだけで、実際にはかなり手探りでやっていました。最初は、自分なりの工夫がある程度できていれば、それで構いません。

　ただ、注意点として、「**有料パートにだけ核心を書いて強引に課金へ誘導したり、無料部分ではもったいぶって全部隠したりする**」「**有料パートの内容がショボすぎて、せっかくお金を払った人がガッカリするような記事を書く**」といった強引なマネタイズ手法を使うのは避けた方が良いです。

　ちなみに、この「9割無料の記事」の価格は、500円くらいが良いと思います。
　もともと9割は無料で読めるのだから、最後の1割を読みたい人にだけ500円程度請求したって、それほど文句は言われないでしょう。

　購入ハードルを下げようと思って100円などに設定すると、逆効果になります。読者から、「100円だと、別に大した情報はないだろうな」と思われて買ってもらえなくなるからです。
　100円で売るのは逆に難しい、と考えておいた方が良いです。

「9割無料の記事」の例

こんにちは、安斎響市です。

こちらは、**90%は「無料記事」**です。

最後のおまけパートだけ、「有料」としています。

その理由は、下記に解説しています。

「無料部分」だけでも、直近で転職を考えている方にとっては、十分過ぎるほどに有益な内容になっていると思いますので、是非、ご一読いただけると大変幸いです。

私は過去に4回転職をしていて、ほとんど「転職のプロ」みたいな変わり者なのですが、

> 記事の大部分が
> 無料で読めることを
> あらかじめ説明
> しておく。

有料記事を販売する

さあ、ここまでできたら、あとは仕上げです。「9割無料」の記事を売ることにある程度成功したら、次は「1割だけ無料」の記事です。

ここまでで、月5万円〜10万円の副業収入を得る手順は完成します。

もし、「9割無料」の記事が上手くいかず、ほとんど売れなかった場合は、一旦ストップです。そのまま同じテーマで同じように有料記事を書き続けても恐らくほとんど売れることはないので、再度、テーマを変えたり、書き方を変えたり、情報量を増やしたりして「9割無料」記事に挑戦してください。

具体的な文章の書き方のコツは、次の章で一部紹介します。

もし、「9割無料」の記事から毎月数千円でも収益を得られる場合は、あなたには次のステップに進む準備ができています。

具体的には「1割だけ無料」の記事、つまり、冒頭の「はじめに」部分だけを無料公開して、ほぼすべての内容を有料で売る記事を作成します。

すでに、いくつかの無料記事と「9割無料」記事によって、どんなものがウケて、どんなものがウケないのか事前のリサーチはできているはずです。あとは、**自分が持っているテー**

マの中で一番売れそうなものについて、渾身の記事を書くのです。

　無料の「1割」の冒頭部分に書くのは、主に下記のような内容です。
- その記事を読むと得られる情報の紹介
- その記事をなぜ書いたのかという経緯
- その記事にどんな価値があるのかという説得力ある説明

　いわば、映画の予告編動画であり、商品紹介の CM のようなものです。この無料部分だけで「買いたい」と思ってもらえるのがベストですが、あなたはすでにいくつかの無料記事も、「9割無料」の記事も書いているので、それらも十分に CM として機能します。

　それらを読んだ人が、「面白い」と思ってくれれば、自然と次の「1割だけ無料」の記事にも手が伸びます。そういう購買の連鎖のサイクルを作り出すのが大事なのです。

　この時点で、すでに一定期間は「9割無料」で記事を売っている状態なので、次の「1割だけ無料」の記事には多少高めの値段を付けても良いでしょう。
　note は、公開後に販売価格を変えることが可能です。思うように売れなかったら、値下げをすればいいだけです。

　一方で、「ちょっと安くしすぎたかな」と思っても、公開

後に値上げをするのは、よほど自信のある人じゃないと厳しいです。すでに 100 人に売ってしまった後で 101 人目から値上げをすると、恐らく不満に思う読者も出てきてしまうので若干ハードルが高いということです。

　最初は高めに出しておいて後で値下げするのは簡単ですが、逆はかなり慎重にやらないと難しいです。

　これは結構落とし穴で、あまり遠慮して安い価格で売ると、後で値上げできなくなって苦労します。

　私自身も、「自分の記事にそんな価値はないだろう」とビビッて予防線を張り、安めの価格を付けた結果、過去数年にわたり相当な金額の損をしたのではないかと思われます。

　しかし、その頃にはすでに多くの読者がその価格で読んでしまっているので、今さら値上げとは言い出せない雰囲気があります。

　「こんなに売れると思っていなかった」からこそ、価格決定のミスが後々まで響いてしまいます。一つの教訓として覚えておくと良いでしょう。

有料記事の作り方

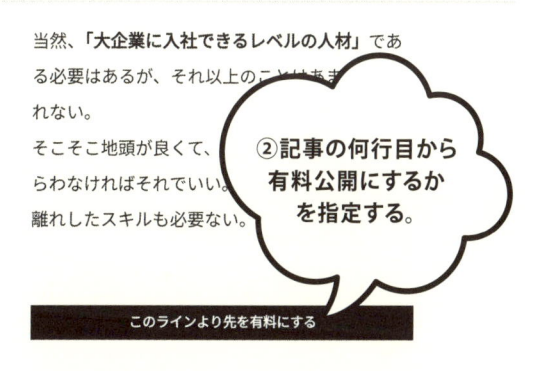

ハッシュタグ　**販売設定**　記事の追加　詳細設定

○ 無料　◉ 有料

価格

300

返金申請の受け付け ⑦
購入者の申請がnoteによる審査を通過する

セール

◉ 設定しない

①記事の公開画面で
「有料」を選択し、
100円〜 価格を
決めて設定する。

←　　　　　　　　　　　　　　　　　　　　　投稿

当然、「大企業に入社できるレベルの人材」であ
る必要はあるが、それ以上のことはあま
れない。
そこそこ地頭が良くて、
らわなければそれでいい
離れしたスキルも必要ない。

②記事の何行目から
有料公開にするか
を指定する。

このラインより先を有料にする

大手有名企業に勤めるエリートと言っても、日々

この章のまとめ

note 記事を売るためのステップ

1. 自分の過去の「実体験」をコンテンツにまとめる
2. 試験的に「無料記事」を書いて、需要の有無を見極める
3. 「9 割無料」の記事を書いて、最後の 1 割のオマケ部分だけを低単価で売る
4. 「1 割だけ無料」の有料記事を書いて、単価を上げて売る
5. いくつかのトピックで、4 の記事販売を繰り返す

無料から有料への具体的なステップ

- 「無料部分」だけでも十分な価値と説得力があること
- 「有料部分を読みたい」という期待が伝わること
- 「無料」⇒「有料」への導線がスムーズであること
- 「有料でも読む価値のある記事だった」という満足感があること

読まれる無料記事の特徴

記事のタイトルは読者の興味を引くものにする。

ハッシュタグを適切に選んで付けることで、他のクリエイターの記事からの流入を期待できる。

失敗例と注意点

サムネイル画像を作りこむのは逆効果。

noteの応募企画に無理に乗っからない。

他の人のnoteに「スキ」「フォロー」周りをしても効果は薄い。

note で読まれる
文章の書き方

5-1. 有料 note の書き方の基本

note には、note の書き方がある

　note という文章投稿プラットフォームには、note 特有の文章の書き方があります。

　同じ「日本語の文章」といっても、X（旧 Twitter）に投稿する 140 文字の短文ポストと、LINE での家族や恋人への返信文では、書き方が全然ちがうでしょう。それと似たような話です。

　特に、「有料 note を売ってお金を稼ぎたい」という目的だと、他のどの文章ともちょっとちがう、**有料 note 特有の書き方の工夫**があります。

　この章では、note で読まれるため、そして有料で記事を買われるための文章の書き方について、具体的なテクニックを紹介していきます。

一つの記事の文字数は、3,000 字以上

　note の有料記事を書くとき、**文字数の目安として最低 3,000 字以上は書くようにしましょう。**

　note の購入画面では、無料パートの最後に「この先の有料パートに残り何文字あるか」「何枚の画像があるか」が表

示される仕様になっています。読者から見ると、この情報が記事を購入するかどうかの判断基準の一つになります。

　このとき、有料パートの文字数が「残り659字」などと表示されていると、「大した内容は書いていないんだな……」と思われがちで、なかなか購入にはつながりません。

有料記事購入前に、読者は「残りの文字数」を見る

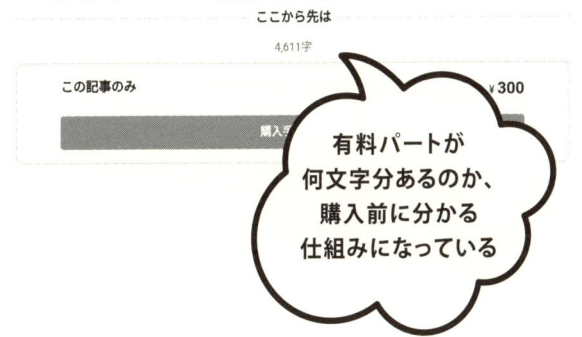

安斎 響市 @転職デビル　　フォロー

営業を例にとって、説明しましょう。

「営業職」になるだけなら、恐らく簡単です。先ほどの通り、ちょっとネット検索すれば、求人は27万件あります。どこかの業界のどこかの会社の営業になるのは、難しいことではありません。

しかし、どうすれば、「営業職」として稼げるようになるのか。

ここから先は

4,611字

この記事のみ　　　　　　　　　　　　　　　　　¥300

購入す

有料パートが
何文字分あるのか、
購入前に分かる
仕組みになっている

実際には、文字数と内容の濃さには直接的な関係性はありませんが、情報量があまりにも少ないと、流石にお金を出してはもらえません。

例えば、この本の価格は 1,500 円程度ですが、もしページ数が 15 ページしかなくて、観光地のパンフレットくらいの厚さだったら、恐らく誰も買わないですよね。

文字数だけでは、その記事の「質」は分からないものの、流石に一定の「量」がないことには「質」に対する期待はできないというのが、一般的な感覚です。

もちろん、文字数が多ければ多いほど良いわけではありません。

以前、8 万字以上にわたる長文の有料 note を読んだことがありますが、その内容はめちゃくちゃ薄く、まるで個人の日記のような感じで、「よくこんな中身のない文章を 8 万字も書けるな」と、逆に感心してしまいました。

というか、文字数を追うだけなら、今の時代は ChatGPT などを使えば簡単に何万字でも何十万字でも「それっぽい文章」を書けます。私が読んだ 8 万字の note も、AI に適当に書かせている可能性があります。

「有料で売るなら、最低でも 3,000 字は欲しいよね」というのが一般的な感覚ではあるものの、「1 万字よりも 2 万字の方が良い」「2 万字よりも 3 万字が良い」とは決して言えません。

むしろ、1万字を超える文章を書くのは初心者には地雷で、ある程度の文章力が伴っていないと現実的に読んでもらえません。読者が途中で飽きて、読むのをやめてしまいます。自分の文章力に自信がある人以外は、長くても1万字程度にしておくのが無難です。

適切な文字数は、価格との相関で考える

　まとめると、note の 1 記事あたりの文字数は、初心者だと 3,000 字〜 1 万字程度が適切ということになります。

　文章を書くのに慣れていない人は、数字だけ言われても分からないと思うので、少し補足をしておきます。

　普段よく目にする様々な文章の文字数の目安は、だいたい下記のような感じです。

- ニュースレター：200 字〜 500 字
- 新聞記事：800 字〜 1,200 字
- 雑誌の特集記事：2,000 字〜 5,000 字
- Web メディアの記事：3,000 字〜 6,000 字
- 書籍：6 万字〜 12 万字（ジャンルなどによって異なる）

　ちなみに、一般的なビジネス文書（企画書や報告書など）

の文字数は、だいたい A4 用紙 1 ページあたり 800 字〜 1,000 字程度です。

　つまり、**3,000 文字以上の記事を作るなら、最低でも A4 で 3 枚か 4 枚以上の分量は書けないといけない**ということです。実際のページ数は、文字のフォントサイズや改行の頻度などによっても変動するので、あくまで目安です。

　どの程度の文字数が適切かは内容によって異なるので何とも言えませんが、一つヒントを挙げるなら、**販売価格との相関で考える**ということです。

　書籍を例に挙げても、文字数が多くて分厚い専門書は、ページ数が少なめの新書などに比べると明らかに値段が高くなる傾向にありますよね。

　それと同じで、有料 note の販売価格を高く付けたいのであれば、ある程度は文字数も比例させて長文にしていく必要があるということです。

　ざっくりとした目安は、下記のようなイメージです。

- 3,000 文字：販売価格 300 円〜 500 円
- 5,000 文字〜 1 万文字：販売価格 500 円〜 800 円
- 1 万文字以上：販売価格 1,000 円以上〜

　あくまで、一般的な傾向なので参考程度に考えてください。実際には、必ずしもこの枠に収まっている必要はなく、note 創作の考え方はクリエイター一人一人の自由です。

私自身も、ある記事は3万字程度の文字数で980円で売っていますが、別の記事では約6万字で1万円以上の価格を付けています。

　記事1本で1万円超えというのはかなり強気な値付けだと自分でも思いますが、ニッチな需要のある内容なので、実は結構売れています。ここまで来ると、もう文字数はほとんど関係ないですね。

　「記事を有料販売するには、その価格に相応しい最低限の文字数の目安がある」ということだけ、とりあえず注意事項として覚えておいてください。

5-2. note記事を読まれやすくするテクニック

段落や改行、箇条書きを意識して読みやすい文章を書く

　文章は基本的に、段落や改行がないと読みづらいものです。ただ単純に「文字のかたまり」が並んでいるだけだと、目で追うときになかなかリズムが掴めず、結果として内容も頭に入ってきません。日本語の文字列がただひたすらに続いているだけではなく、文章の区切りや展開を意識して、文章全体の意味が伝わりやすくなる工夫をした方が良いということです。5行以上の文章が続くときは、一旦改行を入れた方が読みやすいですし、できれば最低でも10行単位くらいで

段落を分けて、スペース（空白の行）を入れた方が内容の区切りが分かりやすくなります。1つの文をあまり長くし過ぎないのもポイントです。あまりにも1文が長く、句読点や接続詞で脈々と続いてしまうと、何を言いたいのかよく分からなくなってしまいますし、単純に読んでいて疲れてしまいます。言ってしまえば、ただ長いだけで読者に嫌われる文章ということです。教訓として、「1つの文に言いたいことは1つ」と覚えておくと良いでしょう。こうした様々な工夫を凝らさないと、なかなか長い文章は読んでもらえないものです。読者が飽きてしまい、読書体験として嫌なものになります。

　ほら、ちょっと読みづらかったでしょ？
　嫌だったでしょ？
　分かりづらかったと思うので、もう一度、同じことを書きますね。

- 段落分けや改行が少ない文章は、読みづらい。
- 5行以上の文章が続くときは改行を入れると読みやすい。
- 最長でも10行単位で段落を分け、空白行を入れると内容の区切りが分かりやすい。
- 1つの文を長くし過ぎないことが重要。
- これらの工夫をしないと、長い文章は読んでもらえない。

　実は、内容を伝えるためには、これだけで十分だったりします。

noteの記事作成時に使える
主な文字装飾機能

大見出し

小見出し

本文
太字

取り消し線

ノート
note
ルビ（振り仮名）を付けることもできる

文字区切り（内容の区切りなどで使う）

引用ボックス

引用に限らず、文字装飾として様々な用途で使える

複数のポイントがあるときや、複雑な説明をする場合などは、箇条書きを上手く使うと文章は一気に読みやすくなります。

　note の機能でも、「箇条書き」「引用ボックス」「区切り線」などが使えるので、これらを組み合わせて、できるだけ読者を飽きさせない文章を書けるようにしましょう。もちろん、**図や表などを作成して画像として文中に挿入する**のも非常に有効です。

記事内の見出しは 4 つ程度

　文中に見出しを入れるのも、重要な要素です。

　見出しがないと、トピックが変わったタイミングや起承転結の流れがよく分からないので、長文になればなるほど文章全体が読みづらくなっていきます。

　ただし、このとき気を付けないといけないのが、「見出しを入れ過ぎてはいけない」ということです。note の機能では、ご丁寧に「大見出し」「小見出し」を設定できるようになっていますが、このうち使うのは「大見出し」だけで十分です。私はほとんど「小見出し」は使ったことがありません。

　ブログ記事などの場合は、大見出し・中見出し・小見出しなどを細かく入れて、なるべく文章を細かく区切る手法が好まれます。その方が、スマホでスクロールしてざーーっと流

し読みしたときに、必要としている情報にたどり着きやすいからです。

　しかし、有料の note 記事の目的は「必要としている情報にたどり着いてもらうこと」ではありません。大事なのは、「その文章にハマって、課金してでも続きを読みたくなってもらうこと」です。

　この意味で言うと、スマホでスクロールしてざーーっと流し読みなんてされた日にゃあ、課金してもらえる可能性はほとんどゼロになるわけです。

　わざわざお金を出して読みたいほど価値のある記事を、スクロールして流し読みする人はいませんよね。流し読みしてしまうのは、その人にとって価値が低い／興味が薄い記事である証拠です。

　見出しを頻繁に入れるのは、読者に対して「流し読みをしやすくする行為」なので、いくら文章の内容を短時間で掴みやすくなったとしても、有料販売にはつながりません。

　有料記事だからこそ、読者には丁寧にじっくり読んでほしいのです。短時間で概要だけ掴めたら、お金を払う必要はありません。

　例えば、3,000 文字程度の記事であれば、見出しは 4 つもあれば十分です。それ以上入れると、「もうこの記事はいいや」と途中で離脱させるきっかけを与えることになってしまいます。

読者は「ここでしか読めないもの」を求めている

文章の内容についても、少しだけ触れておきましょう。

読者は、なぜわざわざ note を読むのでしょう？ 雑誌でもなく、書籍でもなく、Web メディアの記事でもなく、なぜわざわざ一般人の素人が書いた文章を読みたいと思うのでしょう？

その一番の理由は「note でしか読めない文章があるから」です。

情報の信頼性を気にするなら、本屋さんで書籍を探した方が良いに決まっています。手っ取り早く答えが欲しいなら、Google 検索するか、AI に質問した方が早いはずです。娯楽や暇つぶしの手段が欲しいだけなら、YouTube か Netflix、もしくはプロが作った漫画か小説などを読むでしょう。

そのどれでもなく、note にお金を出すのは、上記に挙げたどの手段でも手に入らない固有の価値が note にはあるからです。

それこそが、読者の期待値です。この期待を裏切った時点で、note 記事の価値はゼロになります。

大前提として、note 記事の内容を考える際には、結論に「自分の頭で考えるのが大事」「ケースバイケースで正解は変わる」など、当たり前のことは絶対に書いてはいけません。

一般論を知りたいだけなら、読者は note なんて読みません。どこかで見たような文章や、他の誰でも書けそうな普通過ぎる内容を書いても、読者は納得しません。そんなものを求めて note に来たわけではないからです。

　個人的な思いの丈を語る自己開示や本音トークを含めたり、著名人が立場上堂々とは言えないことをあえて note に書いたりすることで、あなたの note は「ここでしか読めない価値」を持つようになります。
　個人が書く note は、ただ筋が通っていればいい、内容に納得感があればいいというものでは決してないので、その点は重々意識した方が良いです。

5-3.「結論」は、絶対に記事の最初には書かない

最初に結論を書いてしまったら、すべて台無しになる

　もう一つ、極めて重要なテクニックをお伝えします。
　それは、「結論から話してはいけない」ということです。

　通常、ビジネスでは「結論から話せ」とよく言われます。前置きがやたらと長くて、途中の経緯を細かく説明されても時間の無駄だから、とりあえず結論だけ先にくれ、というのが一般的なビジネスパーソンとしての心構えでしょう。

しかし、今説明しているのは「上司への報連相の仕方」や「提案書の書き方」ではありません。「有料 note の売り方」です。note 記事を有料で販売するという目的を前提にすると、絶対に「結論から話してはいけない」のです。

　第3章で散々、「有料 note の内容は、生々しいリアルな実体験のストーリーを語るのが大事だ」と書きました。

　忘れないでください。あなたが売っているのはストーリーです。
　ストーリーの結末を最初に書いてしまったら、台無しです。その文章を最後まで読む理由がなくなります。すでにクライマックスを知っているのにお金を出すなんて、もってのほかです。

　忘れないでください。あなたが売っているのはストーリーです。
　有料パートには一体何が書いてあるんだろう？ という期待が高まっていくからこそ、どうしても続きを読みたくなって、その衝動に駆られて読者は購入ボタンを押すのです。
　そこにあるのが何らかの情報やノウハウであれ、個人的な気づきや体験談であれ、結論を全部最初に書いてしまったら、もうお金を出す必要がなくなってしまいます。

無料パートと有料パートの区切りを上手く使う

　この問題を解決するテクニックとして挙げられるのは、無料パートと有料パートの区切りを上手く使うことです。

　note は記事を有料設定する際、どの段落から有料にするかという「試し読み部分」の設定ができます。試し読み、つまり無料パートはたった 1 行という設定もできますし、文章全体の半分が無料パートという設定もできます。

　一度考えてみてください。次の例、A と B を比べて、どちらの方が記事に課金してもらえる可能性が高いと思いますか？

例文　A

安斎 響市 @転職デビル
2024年9月13日 13:52

こんにちは、安斎響市です。

今日は、転職活動の際に入ってはいけない会社の見分け方について紹介します。

- - - - - - - - - - - - - - - - - - - -
ここから先は

3,824字 / 2画像

この記事のみ	**¥300**

購入手続きへ

例文 B

 安斎 響市 @転職デビル
2024年9月13日 19:57

こんにちは、安斎響市です。
今日は、**転職活動の際に入ってはいけない会社の見分け方**について紹介
します。

入社した後に「**こんなはずじゃなかった**」と思わないように、事前に気
を付けるべきポイント、企業に確認しておくべき質問内容などをまとめ
ます。

この記事の内容をよく読んで、実行しておけば、転職前後のミスマッチ
をできる限り減らすことができるはずです。

最初に、**結論**を言いましょう。

入社してはいけない会社の見分け方とは、主に次の3つの項目です。

ここから先は

3,824字 / 2画像

この記事のみ	¥300

購入手続きへ

2つの例文を比べて、どのように思いましたか？
　恐らく、書き方としてAよりはBの方が明らかに課金が
増えそうですよね。これが、**無料パートと有料パートの区切
りを上手く使うテクニック**です。

まったく同じ内容の記事であっても、どこで切るかによって、有料パートに対する期待値、この先を読みたいという衝動の強さは大きく変わります。この欲求を上手く演出するのが、note の書き手としての腕の見せ所です。

　もちろん、過度な煽りは読者の反感を買うので、変にもったいぶった嫌らしい書き方や、「早く購入しないと損をする」「買わない奴は終わってる」などの過激な表現は避けるべきです。

　結局は、読者が購入した記事の内容に満足してくれないと、次の記事、その次の記事と継続的に課金してくれることはありません。

目次を設置する場所の重要性

　同じく、目次も重要です。

　note には、文中の「大見出し」「小見出し」を自動的に目次にしてくれる機能があります。

　必ずしも目次を入れる必要はありませんが、長文記事の場合は目次を入れておいた方が、記事全体を把握したり、何度も読み返したりするには便利です。

　そして、目次の入れ方一つ取っても、実はやり方次第で有料 note の売れ行きに大きく影響します。私のオススメは、有料パートに行く直前、無料パートの「試し読みの最後」に目次を入れることです。

再度、A/B の例文を比較して、どちらが購入につながりやすいか考えてみましょう。

例文 A

安斎 響市 @転職デビル
2024年9月13日 13:52

こんにちは、安斎響市です。

今日は、転職活動の際に入ってはいけない会社の見分け方について紹介します。

ここから先は

3,824字 / 2画像

この記事のみ　　　　　　　　　　　¥300

購入手続きへ

　実は、意外なほど多くの人が目次を「有料パートの最初」に入れているのですが、これは完全に逆効果で、非常にもったいないです。

　購入を後押しするために、「有料パートにはどんな内容が書いてあるのか？」というヒントはなるべく読者に提供しておいた方が良いです。また、課金して有料パートに移った途端にズラーーっと目次が出てくるのも、読者の体験価値として良くありません。

こんにちは、安斎響市です。

今日は、転職活動の際に入ってはいけない会社の見分け方について紹介します。

　目次を入れるなら、「有料パートの最初」ではなく「無料パートの最後」です。

　いかがでしょうか？
　この2つの比較であれば、明らかにBの方が多く購入されそうですよね。

目次を無料パートに入れてしまったら、ネタバレになってしまうのでは？　と思う人もいるかもしれませんが、その問題は、先ほどの例文Bのように目次内で「○○○」など伏せ字を使うことで解消できます。

　こういった細かいテクニックが、有料noteの販売促進のためには重要なのです。

5-4. アクセス数以上に重要な「読了率」を意識する

「最後まで読んでもらう」のが一番大事

　note記事の良し悪しを決める最大の要素は、「読了率」です。

　つまり、その記事が、読者に最後まで読まれたかどうかです。面白くない記事、役に立たない記事は、読者が途中で読むのをやめてしまいます。

　noteは、スマホでもタブレットでも、PC画面のブラウザでも読むことができますが、一般的な読者の多くはスマホで読んでいると思われます。noteのインターフェースも、スマホでスクロールして読むのに適した形で設計されているので、間違いないでしょう。

　つまり、読者がnote記事を読む際に何が起こるかというと、スマホ内の可処分時間の奪い合いです。noteを読んで

いる途中で LINE やメッセージが来たり、漫画アプリの更新通知が来たり、天気予報やニュースが表示されたりと、記事を読むのを中断する要素は無数に存在します。

　集中して能動的に読んでもらえる書籍とはちがって、note は単なるスマホ上の一つのアプリに過ぎないので、ごくごく簡単なきっかけで読むのを中断されてしまいます。

　それを防ぎたければ、「続きが気になる文章」「最後まで読みたくなる文章」を書くしかありません。続きを読みたい、最後まで内容を知りたいと思ってもらえなければ、有料パートに課金してもらえることも当然ありません。

　この「読了率」を正確に調べる方法は、基本的にありません。法人向けサービスの note pro に課金すれば Google アナリティクスという Web サイト分析ツールとの連携ができるので、ページごとの滞在時間などを出すことはできそうですが、個人のクリエイターが使うにはちょっとハードルが高いです。

　読了率が改善した、悪化したという分析ができないのが苦しいところではありますが、**文章を書く際、「読者が続きを読みたくなるか」を真剣に意識するべきなのは間違いないです。**

文章のリズムを意識する

　読了率を改善するための方法は、具体的にいくつかあります。その一つが、文章のリズムを意識することです。
　「面白い文章」を書くのはなかなか難しいですが、「読みやすい文章」を書くことは誰でも努力次第で可能です。

- 文章全体の文字数を意識して、前置きが長くなったり、前半と後半の分量が大きく変わったりしないように気を付ける
- 「まず、○○について説明します」など、今から何の話をするのか、それがなぜ必要なのかを明らかにしたうえで文章を書き始めることで、読者が置いてきぼりにならないように配慮する
- 誰でも分かる身近な例に置き換えたり、具体例をたくさん挙げたりして、できる限りどんな人が読んでも内容を理解しやすいように工夫を凝らす
- 「大事なことは4つあります」「①②③の流れで説明します」「主な理由は下記の2つです」など、数字を使って文章の流れが分かるようにする

　このように、読んでいて飽きないようにする努力を必死にしなければ、読者はすぐにスマホ上で他のアプリに移っていってしまいます。

文章の書き方がよく分からないという人は、ChatGPT などの AI に下書きを見てもらいましょう。note を公開する前に、全文を AI に流し込み、「この文章の中で冗長な部分、読みづらい部分があったら教えてください」「この文章を、予備知識のない初心者でも読みやすくするためには、どのような工夫が考えられますか」などと質問すれば、30 秒くらいであっという間に改善案を出してくれます。

　私も、よくこの使い方で AI の力を借りながら note 記事を書いています。無料でも十分使えるので、ChatGPT などの AI は使い倒さないと損ですよ。

読者の「期待値」を事前にコントロールする

　もう一つ、重要なのが、期待値のコントロールです。

　不必要に読者を煽りまくって、さもすごい秘密が書いてあるかのように有料パートへ誘導しておいて、いざ課金してみたら特に何も学びはなかった、となると、「せっかくお金を出したのにガッカリした」と言われてしまいます。
　有料パートを読みたくなるための仕掛けは大事なのですが、あまり期待値を上げすぎると、ハードルが上がりすぎて自分が苦しむことになります。

無料パート内に下記の情報を含めておくと、変に読者の期待値を上げすぎず、読了後の満足感を適切なレベルに持っていくことができるはずです。

- この記事は、誰向けの内容か
- この記事に書いていること、書いていないことは何か
- この記事の対象外となるのは、どんな人か

　つまり、**この有料記事のターゲットは誰か？** をきちんと最初に明らかにしておくということです。
　書籍にしても、映画にしても、note 記事にしても、絶対に万人受けするコンテンツ、全員の心に響くコンテンツはこの世に存在しません。
　誰かにとっての「人生をガラッと変えた最高の言葉」は、他の誰かにとっての「駄文」「ゴミ」です。それが現実です。

　だからこそ、読者が課金する前の段階で、この記事で「**解決できる問題**」と「**解決できない問題**」を分かりやすく伝えておく必要があるのです。

　例えば、私はよく、下記のような文言を記事内の無料パートに入れています。

- 「この記事を読んだからといって、努力ゼロで誰でも結果を出せるようになるわけではありませんが……」
- 「この記事は、必ずしもすべての人の成功を保証するも

のではないですが……」

どんな人が記事を読むかは、事前には分かりません。

記事の内容を都合よく拡大解釈されてしまうこともありますし、どこにも書いていないことを勝手に読み取ってしまう読者も実際にいます。

私は「転職」「働き方」「副業」など、読者の人生を変えてしまいかねないテーマで文章を書いているからこそ、いつも、**「この note 記事を読んだからって誰でも簡単に全部上手くいくわけではないよ」**と繰り返し言うようにしています。

これは読者のためでもあり、自分の記事を守るためでもあります。

この章のまとめ

有料 note の書き方の基本

記事の文字数は最低 3,000 字以上を目安にする。

文字数と相場価格には相関があるので注意する。

読まれやすい文章のテクニック

段落や改行、箇条書きを活用して読みやすくする。

読者は「ここでしか読めないもの」を求めているので、一般論ではなく、個人的な体験や思いを重視する。

結論は最初に書かない

無料パートと有料パートの区切りを工夫する。

目次は無料パートの最後に設置する。

読了率を意識する

最後まで読んでもらうことが重要である。

文章のリズムを意識し、読者が続きを読みたくなる工夫をする。

読者の期待値のコントロール

読者が記事を読む前に、内容の範囲や対象を明確にする。

課金前に、この記事が解決できる問題と解決できない問題を伝える。

note副業が、
あなたの未来を切り拓く

6-1. note を始めることで、見えてくる世界

note 副業は、ただの「お金稼ぎの手段」ではない

　ここまで、第 1 章〜第 5 章で、note 記事の書き方、テーマの選び方、有料販売のためのテクニックなどについては、ほぼすべて説明できたと思っています。

　第 6 章では、**note 副業を始めるとどんな良いことがあるのか？** という話をもう少しだけ紹介しておきます。note 副業にちょっと興味が出てきた人は、ぜひ最後まで読んでください。

　この本の趣旨は、「note でお金を稼ぐための方法」です。一般的な会社員や主婦の方でも、note 副業によって収益を得るための考え方とテクニックについてまとめた書籍です。

　その内容を、ひたすら書いてきました。

　ただ、私が日々 note で記事を書いていて思うことの一つが、**note 副業はただの「お金稼ぎの手段」ではない**ということです。むしろ、「ただの収入源だろ」と捉えているのは非常にもったいないと思っています。

　もちろん、副業の収入源の一つなのは間違いないし、「お金を稼げる」というモチベーションなしに note を書き続けられる人はかなり少数でしょう。しかし、それだけではない、というのが note の大きな価値だと私は考えています。

note を通して、私が手に入れたもの

　この話は、実際に体験していない人はなかなか分からない
と思うので、私が note を通してこの数年で何を手にしたの
かをちょっと紹介したいと思います。

- 臨時ボーナスのように、予想外の収入が毎月入るよう
  になった
- note をきっかけに出版社からスカウトされ、書籍 5
  冊を出版した
- コンビニでも売っているくらい超有名な雑誌で紹介さ
  れた
- 2 回ほど、テレビ番組（地上波全国放送）の取材を受
  けた
- 数々のオンラインメディアで取り上げられた
- 大手企業が運営する Web メディアでコラム連載を
  持った
- SNS のフォロワーが 5 万人を超えた
- 会社員を卒業する大きなきっかけになった

　最後の「会社員を卒業するきっかけになった」というのが、
個人的には一番大きいです。
　私は会社員時代、ずっと組織や周囲に対する違和感を持ち
ながら仕事をしていました。このまま、あと何十年も会社で

働くつもりにはなれなかったですし、絶望的に管理職の素質がないと思っていたので、出世しても意味がないと考えていました。

　しかし、基本的に日本の会社員は「出世」以外にキャリアアップの手段がありません。

　組織の歯車になるのが嫌だとしても、管理職をやりたくないとしても、何とかやらなければ明るい未来は待っていません。

　そうでなければ、自分一人でフリーランスになるか、起業するしかない。

　でも、起業だなんて、私には……。

　と割と最近まで思っていたのですが、note で稼げるようになったことによって、考え方がガラッと変わりました。

　最悪、起業が上手くいかなかったとしても、私は note を書くだけでも十分食べていけるじゃないかと。note だけでも家族4人が暮らしていくのに十分すぎるほどの収入を手にしているのだから、新規事業ではすぐに稼げなくても大丈夫だと、割と気楽に考えられるようになりました。

　だからこそ、もう会社員を辞めて、独立して個人で会社を作って好きなことをやろうと思えたのです。note が、その後押しをしてくれました。

　「自分は会社員に向いていない」とずっと思っていた私が、会社に依存しなくても生きていけるようになったのは、note

による副収入のおかげです。

　何より、**誰に媚びることもなく好きなことを自由にやっていて、それでお金を稼げる**というのが、note の最大の良さだと心から思いました。

自分の過去の体験には価値があった、という確かな自信

　ある意味で、note は「自己実現の手段」なのだと思っています。

　もちろん、会社員としての仕事が、そのまま自己実現につながる人もいるでしょう。子育てや家族と過ごす時間こそが自己実現なんだ、という人もいるでしょう。それは、人それぞれの価値観です。どれも間違っていないし、どれが正解というわけでもありません。

　私にとっては、会社組織の政治に合わせて忖度をしたり、上司の指示通りに従って行動したりして会社から給料をもらうのではなく、「**自分の過去の体験をインターネット上で語ることで個人でお金を稼げる**」という経験が、最高の自己実現になりました。

　当初、30 代前半までに 4 回も転職した私の経験が、こんなにも多くの人に注目され、お金を出すほどの価値あるものだと思ってもらえるとは、正直まったく考えていませんでした。転職 4 回なんて、単なるジョブホッパーじゃないかと。

コロコロ仕事を変えて、定職に就かない自分の経歴が恥ずかしいと思っていた時期さえありました。私にとって、過去４回の転職経験は、情けない黒歴史でした。

　今は、黒歴史だなんて思いません。過去４回の転職経験は、私の誇りです。大切な誇りです。だって、その「リアルで生々しい実体験」は、累計４万人以上がお金を出して買うほど価値のあるものなのだから。
　そういう自信を持てたこと、自己肯定感の上昇につながったことこそが、note を通して手に入れた中で一番大きなものなのかもしれません。

6-2. note と私たちの今後

クリエイターエコノミーの潮流は、もう止まらない

　「クリエイターエコノミー」という言葉を、あなたは聞いたことがありますか？
　クリエイターエコノミー（Creator Economy）は、デジタルプラットフォームや SNS を通じて個人がコンテンツを制作・配信し、その活動から収入を得る経済モデルを指します。
　コンテンツクリエイターが自身の作品やサービスを直接消費者に提供するためのプラットフォームとして、YouTube、Instagram、TikTok などが代表的ですが、ここには note も含まれます。

クリエイターエコノミーの時代

従来の生産者/消費者の関係

現代では、個人は消費者であるだけでなく、
誰もが生産者（クリエイター）になれる

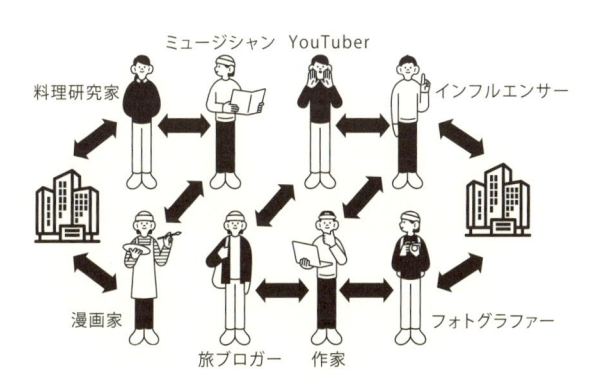

まさに、YouTube を舞台に企業や事務所に属することなく個人でお金を稼ぐ YouTuber が過去 10 年くらいで一気に台頭してきたのと同じように、これからは TikTok や note など多くの媒体で無限に同じことが起こります。その時代の流れは、もう誰にも止められません。

　その中でも、**一般的な会社員がもっとも簡単に手を出しやすいのが note** だと、私は考えています。

　note による副業の良いところは、フォロワーもバズも必要ないということです。

　もちろん、集客の手段という意味では SNS フォロワーは多いに越したことはないのですが、別に多くなくても構いません。

　私も、最初に note を書き始めた頃は X のフォロワーはゼロでしたし、初めて有料記事を書いた時点でさえ、大した人数はいませんでした。X のフォロワーは note を書くのと並行して伸びていったので、X のおかげで note が売れるのか、note のおかげで X のフォロワーが増えるのか、どちらが正しいのかは定かではありません。恐らく相乗的なもので、両方正しいのでしょう。

　note でお金を稼ぐためには、YouTuber のようにスターになる必要はありません。バズる必要さえありません。

　「誰でもない個人」が、自分の実体験をコンテンツ化することによってお金を稼げるようになる時代の流れが、すでに来ています。

AIが創作の後押しをしてくれる

　この過程の中で重要な要素の一つが、生成AIの存在だと思います。

　特に、ChatGPTなどテキストベースの大規模言語モデルは文章との相性が抜群に良く、記事テーマのアイディア出しや、文章校正、翻訳や要約などにおいては圧倒的な精度を持ちます。

　noteで文章を書くうえでの下調べや、具体例の列挙、語彙の多様化と改善、キャッチコピー作成などの用途でも、生成AIを使えば従来の手段とは比べものにならないほどの効率で個人での作業が捗るようになりました。

　CanvaやAdobe Expressなどの画像加工ツールを使えば、note記事のサムネイルや、プロフィール用の画像、トップ画面のバナーなども短時間で簡単に作れます。本当にすごい時代です。一昔前には考えられないほど、「自分一人で短時間でこなせるクリエイティブ制作の範囲」が拡張されました。

　まさに、noteで記事を書く行為と、生成AIによる作業効率化は、切っても切り離せません。もし、note副業に興味があるけれどChatGPTなどはまだ使ったことがない、という人がいたら、今すぐにいくつかのAIツールを試してみてください。無料でも十分に使えますしnoteとの相性は抜群です。一気に作業が捗ります。

実は、note 社は日本国内における AI 先駆者として知られる企業の一つで、AI 事業開発に特化したテクノロジー関連の子会社も持っています。

　この本の中では詳しくは触れませんでしたが、note 記事執筆においても、AI アシスタントという機能が note 標準で備わっており、見出しや目次を作ってくれたり、記事執筆のアイディア出しをしてくれたりします。

　まさに、クリエイターエコノミーと生成 AI の最先端を追いかけるスタートアップ企業、note だからこそ、日進月歩の目まぐるしい AI の進化の中でも、クリエイターにとって常にアップデートされた創作環境を提供してくれることが期待できます。note と共に歩む未来は明るいと言えます。

　AI 全盛時代となった今、個人が持つ知識の量や、情報の正しさにはもうほとんど価値がないからこそ、今後は「自分の実体験を商品化できること」が大事な世界になるのだと思います。

　クリエイターエコノミーの潮流はもう止まりません。下手に逆行せず、波に乗った方が良いです。その過程において AI は、私たちの敵でなく、強い味方になってくれるはずです。

noteのAIアシスタント（β）

三連休の過ごし方

- リフレッシュするためのアウトドアアクティビティ：キャンプやハイキング、サーフィンなど、三連休を活用して自然に触れながら体を動かすアクティビティを提案します。新鮮な空気と美しい景色を楽しみながら、心身のリフレッシュを図りましょう。
- クリエイティブな時間を過ごすためのワークショップ：

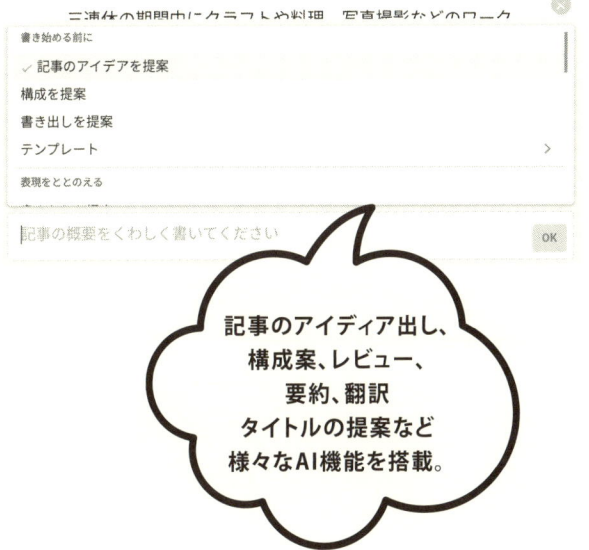

書き始める前に
✓ 記事のアイデアを提案
構成を提案
書き出しを提案
テンプレート 〉
表現をととのえる

記事の概要をくわしく書いてください　OK

記事のアイディア出し、
構成案、レビュー、
要約、翻訳
タイトルの提案など
様々なAI機能を搭載。

note だからこそ、本当に言いたいことが言える

　note による創作、特に有料記事の創作が素晴らしいのは、**note だからこそ自分が心の底から思っていることを自由に表現できる**というアドバンテージがあるからです。

　この本を含め過去 5 冊の商業出版において、私はかなり自由に好き勝手なことを書かせてもらったと思っています。出版社の編集部の皆様にはいつも感謝するばかりです。

　しかし、それでも、書籍の中では気を遣ってなかなか書けないことや、一応念のため書かないことなどもあります。この本にも実は、あえて書いていない内容が多くあります。

　note だからこそ、本当のことを遠慮なく言えます。もちろん、それは個人攻撃や誹謗中傷という意味ではありません。逆です。

　note だからこそ、個人攻撃や誹謗中傷、炎上などの対象になることを恐れずに、自分が本当に良いと信じている内容を、誰にも忖度せずに遠慮なく書けるのです。

　なぜ「有料」であることが重要なのかというと、有料note での発信内容は「課金バリア」によって守られているからです。

　インターネットは、この 10 年くらいのうちに本当に息苦しい世界になってしまいました。SNS で何かを言うと、すぐにクソリプが飛んできます。私は X のフォロワーが 5 万人

以上いるので、突然、赤の他人から意味不明な攻撃をされることも多いです。過去には、陰湿なネットストーカーのような人に付き纏われたこともあります。1人や2人ではありません。日常茶飯事の如く、です。

この苦しみを「有名税だから仕方がない」と言う人もいます。実際、私に一時期つきまとって毎日攻撃的なことを言ってきた50代男性の方は、私を批判する理由を「SNSでフォロワーが多くて有名だから」と言っていました。なかなかに酷い話です。

この惨憺たる状況の中で、「**だったら、てめぇらが有名税を払えよ**」というのが note の課金の仕組みです。私は、そう考えています。

つまり、そんなに私の発信が気になっちゃうなら、私の発信内容を見るためにお金を払ってね、ということです。可愛くてゴメン、ということです。

Xがもはや「炎上系メディア」と化してしまっている理由の一つには、「140文字の短文だから」という要素が間違いなくあると思います。

たった140文字では、どんな投稿もすべて例外なく「説明不足」です。いくらでも揚げ足取りができてしまいます。いわば、後出しじゃんけんで何とでも反論が可能なのです。140文字以内で完璧に説明しきれる内容なんて、この世界にほとんど存在しないのだから。

この炎上と誹謗中傷の負のスパイラルから抜け出すための一つの方法が、「課金」です。

　100円などの少額でもいいから、課金を促して「有料記事」にすると、変な人やアンチは寄って来なくなります。

　noteで1万字以上の有料記事に、批判が来ることはほとんどありません。だって、わざわざお金を払って、1万字以上の長文を時間をかけて読んでまで作者の批判をする人がいたら、その人はもはやアンチではなくファンですよね？

　一方で、自分のファンだけに囲まれた閉鎖的な世界で生きることの問題点もあるでしょうが、それは複数のメディアを上手く使い分ければ済む話だとも思います。例えば、「SNSやnote、無料ブログなどを上手く使い分けて、本当に心の底から言いたいことはnoteの有料記事で言う」という内容の書き分けです。

　結局のところ、誰にも忖度しないでズバッと言い切る文章こそが、本当は一番読みごたえがあって面白いはずです。しかし、それを書くと炎上しがちなのでほとんどの人は遠慮して書けなくなっているというのが、現在のインターネットの非常に悪いところです。

　「一番面白くて刺激的な文章は、有料noteの中にある」というトレンドが今後来るんじゃないかと、私は本気で考えています。

6-3. note 副業の経験は、きっとあなたの人生の糧になる

「だれもが創作をはじめ、続けられるようにする」が意味するもの

　20歳の頃、私の将来の夢は「物書きになりたい」というものでした。誰にも縛られず、自由に、海の見えるカフェでコーヒーを飲みながら原稿を書いて生きていけたら、どんなに良いだろうと。

　作家として文章を書いて生きていきたいと、そう本気で思っていました。しかし、出版やライターの仕事について色々と調べていくうちに、現実はそう甘くないことを知ります。

　「出版社から本を出したとしても大したお金は稼げない」という事実を知ったときは、かなりの衝撃でした。夢の印税生活は、夢のまま消えていきました。

　しかし、よく考えてみれば、そりゃそうです。出版業界は完全に斜陽産業です。日本全国でたくさんの本屋さんが毎年閉店に追い込まれています。本を書いたって、大してお金になるわけがないのです。（こんなことを堂々と書籍の中で書くのもなんですが）

　そんな厳しい現実の中で見えた一筋の光が、note でした。
　note で有料記事を販売すれば、個人でもお金を稼ぐことができます。そして、その金額は商業出版よりも note の方

がずっと多いことを、私は実際に作家になって思い知りました。

皮肉なことに、15年以上前、大学生の頃から思い描いていた「物書きとして食べていきたい」という夢は、本を何冊出しても決して叶うことがなかった一方、noteという新時代のツールによって現実になります。夢が、現実になった瞬間です。

「稼げない仕事」の代表格とも言えるWebライターは、noteの登場によって「稼げる仕事」へと生まれ変わりました。noteがあるからこそ、文章で食べていける人が世の中に増えていくのです。今までも、そしてこれからも。私自身も、その一人です。

note社が企業理念として掲げる「だれもが創作をはじめ、続けられるようにする」というメッセージの本質が、ここにあるのではないかと思います。

最初は月5万円でもいい、しかし、その先があることを忘れないでほしい

この本は、あくまで「noteで月5万円〜10万円稼げるようになるまでの過程」を説明したものです。

初心者向けのnoteの教科書として、最初のゼロ⇒イチへのステップをまとめるという目的に絞って書きました。

一方で、読者の皆様には忘れないでほしいです。月5万〜10万円稼げるようになった、その先があるということを。

　この本を読んでこれから note の記事執筆を始める人の中には、きっとすぐに月5万円を超える人が現れるでしょう。中には、月30万円を超える人もいるでしょう。月100万円を上回る人さえ、出てくるかもしれません。

　たまに、友人などにこの話をすると、こう言われます。

　「いやいや、それは安斎君だからできるんだよ。普通の人にはどう考えても無理だよ」

　でも、その度に私は思うのです。やってみなければ、分からないじゃないかと。やる前からそんなことを言っていたら、この先、何もできないよ？　と。

　この本を読んだあなたが、note で稼げるようになる未来を、私は本気で信じています。

ある日、届いたメッセージ。

　note を書き始めて4年。この間、様々な変化がありました。その中で最も予想外だったのが、note を買って読んでくれた読者の方々から感謝のメッセージが届くようになったことです。

少しだけ、抜粋して紹介します。

- この度安斎様の note を参考に転職活動を始め、嬉しいことに志望する企業の内定を獲得することができました。「転職」という選択肢を考えるきっかけをくださったこと、勝手ながら、本当に感謝しております。
- 社会人 7 年目で初めての転職でしたが、安斎さんの note を熟読して実践した結果、年収アップで行きたい会社にオファー頂けました。あとは退職交渉ですが、これも安斎さんの note に頼らせて頂くつもりです！ 信じて良かったです。ありがとうございました！
- 私は初めての転職活動で書類で 40 社、面接で 5 社落ちたので、ああ本当にダメな人間だ… 社会人として無能認定されているんだ… と思ったんですが、そんな私でも最終的には 3 社から内定をいただけました。なので皆さんも頑張ってほしいです。そして安斎さんの note がめちゃくちゃ役に立ちました。ありがとうございました。
- 20 代後半の県庁職員です。安斎さんの note を購入して転職活動を半年頑張りました。公務員は異動も多く、経験をアピールするのが難しいのですが、note を熟読し、自分なりの戦略を立てることができました。おかげさまで、第一志望の企業様から内定を頂くことができ、年収も 200 万円アップしました！ やりました！安斎さんとの出会いに感謝しています。人生が変わりました。そしてここからが新たなスタート、頑張ります！ 本当にありがとうございました！

- 人生投げやりになり短期離職を繰り返ししていた時、安斎さんの投稿を拝見しました。それから自分のスキルや経験を棚卸しし、次につながるポジティブな転職を目指しました。その結果、外資系医療機器メーカーより大幅年収アップのオファーをいただくことができました。大げさかもしれませんが、安斎さんに出会わなかったらそのまま人生を諦めていたかもしれません。ありがとうございます。改めて御礼申し上げます。

　あなたは、こんな風に、顔も名前も知らない誰かから感謝されたことがありますか？
　私のもとには、このような感謝のメッセージが過去に何百通と届いています。

　それを読む度に、私は泣きたくなります。たまに、本当に泣いています。
　私が個人的に書いた文章にお金を出して買ってもらって、さらにそのうえで深くお礼を言われる。こんなことが、現実にあるのかと。

　「安斎さんのおかげで人生が変わりました」
　「安斎さんの note がなければ、今の私はありません」
　そんな読者の声が、毎日のように届きます。本当に、数え切れないほど届きます。

分かりますか？

あなたが note に書き綴った「リアルで生々しい実体験の
ストーリー」は、他の誰かの人生を救うのです。かつてのあ
なたと同じように悩み、苦しみ、必死に努力を続ける誰かの
背中を、あなたの note が押すのです。

そのとき、あなた自身も、なんだか報われる気がしません
か？
ああ、あのときの苦しい体験は無駄ではなかったと、あの
努力の日々は決して無意味ではなかったと、そう思える気が
しませんか？

note は、ただの副業の手段ではありません。過去のあな
たの実体験をストーリーにして語り尽くすことによって、そ
れと同じ悩みを持つ他の誰かを救うことができる、唯一無二
の舞台です。
あなたの過去の体験談が、この世界のどこかで泣いている
誰かを救うのです。一人ではなく、大勢の人たちを。

毎月お金を稼げるうえに、こんな貴重な体験ができるなん
て、本当に素晴らしいことだと思いませんか？
リスクゼロ、初期投資ゼロで、スマホ一つでできるんだか
ら、やらない手はないと思いませんか？

少しでも共感した人は、今日から note 副業を始めましょう。

　誰もが創作を始め、続けられる世界は、もう実現しつつあります。

この章のまとめ

note 副業の本質

　過去の経験が価値あるものとして評価され、自己実現につながる。

　note はクリエイターエコノミーの一翼を担い、一般的な会社員でも手軽に始められるプラットフォーム。

AI 活用による創作環境のサポート

　ChatGPT などの生成 AI が記事執筆をサポートしてくれる。AI を活用することで、効率的に記事作成が可能。

　note 社も AI 技術を導入し、クリエイティブな環境を提供。

note だからこそ得られる自由度の高さ

　note の有料記事は、課金バリアによって守られ、自由に本当に言いたいことを表現できる。

　有料記事には極めて質の高い、忖度のない魅力的なコンテ

ンツが多く含まれる。

note 副業の可能性

　最初は月 5 万円でも、その先の可能性は無限大。

　note は個人の創作を支援し、お金を稼ぐ手段を提供するプラットフォームとして重要な役割を果たす。

　あなたが note に書き綴った「リアルで生々しい実体験のストーリー」は、他の誰かの人生を救う。

おわりに

　この本を最後まで読んでいただき、ありがとうございました。

　この出版の機会は、私自身の企画持ち込みによって始まったものです。つまり、私が書きたくて書いた本です。

　ぱる出版には、この本を世に出すためにご尽力をいただきました。本当にありがとうございました。

　本書の編集、デザイン、推敲、校閲、印刷、流通、営業など、一連のプロセスに携わっていただいたスタッフの皆様にも心より御礼を申し上げます。

　別に note の中の人でも関係者でもなんでもないし、note 社から依頼されたわけでもないのに、ひたすらに個人的な note 愛を語り、note の素晴らしさを全力で伝える、まるで宗教のような本になってしまったことをお詫び申し上げます。

　「そんなに儲かるんなら、他人に方法を教えない方が良いんじゃないの？」と思う人もいるかもしれませんが、私には、あまりそういう考えはありません。

　note での稼ぎ方を多くの人に教えても、私が稼げなくなることはありません。note でお金を稼ぐ人が今後増え続けても、競争激化で私の売上が減っていくとは到底思えません。

言ったでしょう？ note では、競合を見る必要はないと。

競合と常に比較されて、トップ層だけが儲けられる弱肉強食の世界ではないのです。それが、クリエイターエコノミーです。

仮に、私よりも質の良い発信をする人が現れたとしても、読者は、私からその人に乗り換えるのではなく、きっと2人とも応援してくれます。note は、そういう優しい世界です。

最後の最後に、お知らせです。

告知かい！！ という感じですが、note について書いた本なので、私の note の紹介くらいはさせてください。たぶん、読者の皆様がこれから副業で note 記事を書くための参考資料としても、有用なサンプルだと思いますよ。

- 累計4万部を超えた有料 note シリーズ
  「安斎響市の転職プロジェクト」

- この本には書けなかった裏話が満載
  「安斎響市の副業プロジェクト」

- 毎週土曜日にお届けする人気コラム
  「安斎響市の転職相談室」

- 珠玉の無料公開記事
  「大企業事件簿① オッパブは
  コミュニケーション」

　それでは、皆様の素敵な note ライフを、心から応援して
います。

　また、どこかでお会いしましょう。
　お相手は、安斎響市でした。

安斎響市（あんざい・きょういち）

1987 年生まれ。日系大手メーカー海外営業部、外資系大手IT 企業の事業企画部長などを経て、2023 年に独立。「転職とキャリア」をテーマに、書籍、ブログ、X (@AnzaiKyo1)などで情報発信を続けている。

著書に『正しいキャリアの選び方』『すごい面接の技術』『転職の最終兵器』『私にも転職って、できますか？』など。

ｎｏｔｅ副業の教科書

| 2024 年11月15日 | 初版発行 |
| 2025 年 8 月12日 | 9 刷発行 |

著　者　　安　斎　響　市

発行者　　和　田　智　明

発行所　　株式会社　ぱる出版

〒 160 - 0011　　東京都新宿区若葉 1 - 9 - 16
03 (3353) 2835 －代表
03 (3353) 2826 － FAX

印刷・製本　中央精版印刷 (株)

本書籍に関するお問い合わせ、ご連絡は下記にて承ります。
https://www.pal-pub.jp/contact

ISBN978-4-8272-1471-0　C0034